规模化养殖场科学建设与生产管理丛书

规模化猪场科学建设与生产管理

周永亮　主编

河南科学技术出版社

·郑州·

图书在版编目（CIP）数据

规模化猪场科学建设与生产管理/周永亮主编 . —郑州：
河南科学技术出版社，2016.6（2018.12 重印）
（规模化养殖场科学建设与生产管理丛书）
ISBN 978-7-5349-8072-5

Ⅰ.①规… Ⅱ.①周… Ⅲ.①养猪学 ②猪-养殖场-经营管理
Ⅳ.①S828

中国版本图书馆 CIP 数据核字（2016）第 000868 号

出版发行：河南科学技术出版社
　　　　　地址：郑州市金水东路 39 号　　邮编：450016
　　　　　电话：（0371）65737028　65788613
　　　　　网址：www.hnstp.cn
策划编辑：李义坤　田　伟
责任编辑：申卫娟
责任校对：张娇娇
封面设计：张　伟
版式设计：栾亚平
责任印制：张　巍
印　　刷：新乡市天润印务有限公司
经　　销：全国新华书店
幅面尺寸：170 mm×240 mm　　印张：7.5　　彩插：5 面　　字数：145 千字
版　　次：2016 年 6 月第 1 版　　2018 年 12 月第 2 次印刷
定　　价：18.00 元

丛书编委会名单

本书编写人员

主　　编　周永亮　河南畜牧规划设计研究院
副 主 编　王竹伟　河南畜牧规划设计研究院
　　　　　刘旭鹏　伊川县动物卫生监督所
　　　　　岳治光　河南安进生物医药技术有限公司
　　　　　沈志强　山东绿都生物科技有限公司
　　　　　周维辉　河南易达菲动物药业有限公司
　　　　　倪俊忠　原阳县正大饲料有限公司
编　　者　周永亮　河南畜牧规划设计研究院
　　　　　王竹伟　河南畜牧规划设计研究院
　　　　　刘旭鹏　伊川县动物卫生监督所
　　　　　岳治光　河南安进生物医药技术有限公司
　　　　　沈志强　山东绿都生物科技有限公司
　　　　　周维辉　河南易达菲动物药业有限公司
　　　　　倪俊忠　原阳县正大饲料有限公司
　　　　　袁　蕾　河南畜牧规划设计研究院
　　　　　华　磊　河南畜牧规划设计研究院
　　　　　曹正辉　河南畜牧规划设计研究院
　　　　　李　倩　河南畜牧规划设计研究院
　　　　　高　涛　河南高老庄集团

前　言

　　随着养猪业现代化进程的加快，标准化、规模化、环保化、生态化发展将是必然趋势。养猪业实现快速、健康的发展必须进行科学的规划设计与管理。

　　本着服务"三农"的宗旨，我们编写了这本《规模化猪场科学建设与生产管理》。本书主要从规模化养猪场的规划建设和科学管理两方面进行阐述，共分为十一章：绪论、猪品种简介、规模化猪场建设、猪场生产车间设计、猪场的养殖设备与辅助设备、猪的营养需要与饲料加工技术、繁殖体系建设、猪场的饲养管理、猪场的经营管理、猪群健康与疾病预防、猪场养殖废弃物无害化处理技术。内容全面丰富、通俗易懂，可供规模化猪场规划设计人员、猪场管理人员以及广大养殖户阅读与应用。

　　本书在编写过程中得到了猪场规划设计专家、养殖专家、一线养殖人员等的大力配合与支持，再次对他们表示感谢。由于编者的水平所限，书中若有错误和不足之处，恳请广大读者提出宝贵意见，以便将来进一步完善。

编　者

2015 年 7 月

前　言

目　录

第一章 绪 论

一、养猪业在国民经济中的地位

我国是农业大国，也是养猪大国，养猪业是我国农业中的重要产业，全世界每年出栏 14 亿头猪，中国占了一半。我国家猪品种资源丰富，养殖历史悠久。养猪业在我国农村经济和国民经济中占有重要地位，其作用包括提供肉食、有机粪肥、工业原料等。改革开放之后，我国养猪业取得了巨大的成就，对提高人民生活水平发挥了重要作用。目前，发达国家的养猪水平非常高，出栏率在 150% 左右，平均每头存栏猪提供的胴体肉量已经超过了 130 kg。与之相比，我国在养猪生产水平指标上还有相当大的差距。另外，在农业标准化程度、食品生产安全性及疫病防疫等方面也有很大差距。

（一）养猪业在我国国民经济中占有重要地位

一方面，因为猪肉是国人喜欢的食品，中国每年平均 2.6 个人就需要一头猪，德国人吃香肠每人一年就吃掉一头猪，欧洲其他国家的人也喜欢吃猪肉，早上吃早餐，猪肉是很重要的食物；另一方面，养猪业是我国农业的支柱产业，生猪的产值达到了 1 万亿元，占了农业总产值的 11.6%，可以看出，养猪在农业里面非常重要（表 1-1~表 1-3）。

表 1-1 2008~2012 年全国排名前十省份猪肉产量变化情况

（单位：kt）

省份	2008 年	2009 年	2010 年	2011 年	2012 年	2012 年占全国比重
四川	436.20	474.20	492.20	484.80	496.44	9.29%
河南	367.10	389.60	408.30	406.40	432.50	8.10%
湖南	370.20	395.40	412.40	406.10	427.60	8.00%
山东	321.30	341.30	353.20	346.90	376.70	7.05%
湖北	260.40	279.90	287.00	290.50	317.27	5.94%
广东	254.00	262.10	275.50	271.00	276.39	5.17%

续表

省份	2008 年	2009 年	2010 年	2011 年	2012 年	2012 年占全国比重
云南	219.60	230.80	242.50	243.90	264.08	4.94%
河北	245.80	253.60	245.20	246.60	259.00	4.85%
广西	218.40	232.30	241.50	239.80	252.50	4.73%
安徽	217.40	229.80	238.80	233.10	249.67	4.67%
全国	4 620.60	4 891.00	5 071.30	5 053.30	5 342.72	100.00%

表 1-2   2006~2013 年我国猪肉生产情况

(单位：kt)

年份	产量	进口量	出口量	国内总消费
2013 年	114 165.00	7 141.00	7 211.00	114 095.00
2012 年	112 506.00	7 290.00	7 522.00	112 274.00
2011 年	108 750.00	6 876.00	7 137.00	108 489.00
2010 年	109 216.00	5 705.00	6 083.00	108 838.00
2009 年	106 058.00	5 544.00	5 754.00	105 848.00
2008 年	103 909.00	5 872.00	6 111.00	103 670.00
2007 年	98 844.00	5 035.00	5 030.00	98 849.00
2006 年	106 880.00	4 960.00	4 989.00	106 851.00

表 1-3   2006~2013 年全球猪肉进出口情况

(单位：kt)

年份	全球进口量	中国进口比重	全球出口量	中国出口比重
2013 年	714.10	8.17%	721.10	1.02%
2012 年	729.00	7.17%	752.20	0.88%
2011 年	687.60	6.80%	713.70	1.13%
2010 年	570.50	3.52%	608.30	1.81%
2009 年	554.40	2.43%	575.40	1.52%
2008 年	587.20	6.36%	611.10	1.35%
2007 年	503.50	1.70%	503.00	2.66%
2006 年	496.00	0.48%	498.90	5.39%

（二）发展节粮养猪产业是保障国家粮食安全的需要

当前养猪也有很多问题，影响国家的粮食安全。我们可以看出，生猪的饲用粮消费高达 31%。我国进口 6 000 多万 t 的大豆，80% 都是用于养猪、榨油，榨油以后再养猪。国外 2.4 kg 粮食就可以长 1 kg 猪毛重，中国现在只达到 3.1 kg。把猪的料肉比降低 0.1，每年就可以节约 720 万 t 的粮食，人均可增加粮食 5.5 kg。养猪的目标就是提高料肉比，料肉比降下来就可以节约粮食。

二、我国养猪业的发展概况

"民以食为天，猪粮安天下"，我国是一个历史悠久的养猪大国，自改革开放以来生猪养殖业对农民增收、满足城镇居民的畜产品需求等诸多方面发挥了巨大的作用。养猪业是农村经济的重要支柱，在畜牧养殖业乃至整个农业生产中占据着至关重要的位置。

（一）面临的困难和挑战

生猪养殖作为我国的传统养殖业，长期以来生产方式和生产水平较低，大部分的生猪养殖是以散养为主。自 21 世纪以来，我国在生猪育种、营养、疾病防控等方面的大力投入，取得了显著的成绩，有些技术水平和成果达到了世界先进水平，但是在实际的生产发展过程中仍面临着很多的困难和挑战。

1. 饲料和劳动力成本上涨 由于我国工业化和城镇化的快速发展，农村劳动力成本在不断地上涨，同时，由于我国饲料资源并不丰富，受到国际粮价的影响，饲料原料的价格也是在不断地上涨，使得生猪养殖的成本增加。

2. 技术推广欠缺，养殖技术薄弱 部分地区科技服务体系不健全，在技术推广方面投入少，基层畜牧工作者专业素质不高，无法完成技术的普及和推广工作。主要体现在生产水平低、养殖规模小、散养比例高、缺少技术支撑，在生猪的品种培育、饲料选择、饲养管理、废弃物的处理和消纳等方面缺少专业的指导。

3. 生产水平低 除发达地区和新兴建的猪场外，部分地区养猪技术仍然落后，设施条件差，猪场的设备老化，设计和规划不合理，无法为生长猪提供所需要的良好环境，发挥应有的生长潜能。

4. 猪病预防诊断不健全 缺乏有效的快速诊断和疫病的防治技术，成为影响养猪业发展的重要障碍。加之近些年来规模猪场从国外大量引种，导致国内猪病更为复杂，多种病原混合感染等影响着养猪生产的发展，影响生产力水平提高，制约着养猪业的发展。

5. 环保压力大 随着养殖业集约化、规模化的程度不断提高，饲养和加工过程中产生的大量排泄物和废弃物对养殖场周围的环境造成了严重的污染。由于养殖数量的不断增多，粪污处理设备及方法的相对滞后，农村养猪业已经成了主要的污染源。

6. 食品安全问题 食品安全问题主要体现在兽药的残留、人畜共患病及违禁药品的添加等。

（二）养殖格局的转变

我国是传统的猪肉生产和消费大国，猪肉占我国日常肉食消费的60%以上。市场价格波动，饲养成本持续上涨，环境和疾病压力越来越显著，这些因素都在一步步地迫使我国养猪业进行养殖模式的变革。

1. 养殖模式的转变 2007年对养猪业来说是不平凡的一年，我国的养殖格局发生了转变，由原来的农户主导向专业化、规模化、企业化和政府扶持的现代养猪业转变，由此结束了全民养猪时代。2010年以来，全国的规模化养猪场已经达到5 000家以上，规模化比例达到了60%以上。

2. 养殖区域布局的改变 传统模式下我国的生猪养殖主要集中在长江流域、中原地区、两广地区和东北地区等，这些地区的生猪产量占到全国产量的80%以上，尤其东北是我国生猪产业的高产区。目前这一结构正在悄然地发生着改变，由原来的东南发达地区向西部非发达地区转移，由非粮食主产区向粮食主产区转移。随着国家农业经济战略规划对生猪养殖的大力扶持，也必将影响人们饮食消费的习惯和结构，以猪肉为主体的肉食消费形式仍将是我国的主要消费形式。

3. 生产方式的转变 21世纪初由于对经济效益的盲目追求，致使我国的猪肉品质不容乐观，多次出现质量安全问题，造成了消费者对畜产品的恐慌。近些年由于国家对畜产品监管力度的加强和市场的需求，我国猪肉生产正由数量型向质量型转变：一是遗传和育种方面，部分企业不再盲目地追求瘦肉率和生长速度等指标，而是将肌间脂肪含量、肉色等纳入育种目标中；二是强制执行禁用药物和停药期等规定，加强检测和监管，在运输、屠宰等环节尽量减少猪只应激，以提高猪肉品质；三是成立生猪养殖协会，承担行业技术推广、经验交流及监督监管等任务。这些转变对提高猪肉品质，保障畜牧业健康发展提供了有力保障。

（三）规模化养猪的特点

规模偏小、零星分布、设备陈旧、规划布局不合理等都是制约我国养猪业发展的重要因素，要想提高养猪业的效益，就必须转变思维，改走规模化养殖道路，依靠规模养殖最大限度地降低生产成本，提高经济效益。

规模化养猪也称现代化养猪，就是利用现代的科学技术、现代的工业设施设备和工业集约化的生产方式进行养猪；利用统筹的科学方法来管理养猪生产，提高猪场的生产效率、出栏率等指标，从而达到高产、稳产、优质且低成本的生产目标。

规模化养猪的特点主要表现在以下几个方面。

1. 综合地运用科技手段 采用目前最先进的遗传育种、动物营养、环境福利、行为特性、专业化的自动设施设备和科学的疾病防治技术等，不断地提高猪只的生产效率和生产水平。

2. 舍内饲养，规模较大 规模在年出栏商品猪 2 000~10 000 头，育肥猪和育成猪采用高密度饲养，公母猪采用单圈饲养或小群饲养等方式，减少猪场占地面积和建筑面积等。

3. 使用自动化仪器和设备 尽可能地使用自动化的仪器和设备，提高劳动效率，方便管理，减少饲养人员的工作量。根据实际情况装备必要的机械设备，也可根据猪场的规模选择机械化的程度。

4. 创造适宜的环境 根据猪只的生理特点，利用现代化的环境控制设备，使猪只的生长和生产不受外界季节和温度的影响，从而使商品猪能够不受季节因素影响均衡地供应市场，为消费者提供充足的食品来源，同时也为养殖户提供品质优良的种猪。

5. 科学化的管理 利用科学的饲养管理方法统筹地管理猪场，使各个生产环节、工艺流程等规格标准化并规律有序地运转，使猪场的生产平稳、有序、保质保量地运行。

(四) 规模化养猪的发展趋势

1. 适度规模 虽然规模化养猪是我们今后的发展方向，但是由于我国人口众多、土地紧缺等因素，适度规模化养猪才是适应我们国家当前国情的较佳方式。适度规模化养殖是在比较有限的土地空间中发展相应规模的养殖量，基于种养结合，利用秸秆青贮、沼气发酵等技术，一方面将低档的作物秸秆作为优质的动物饲料原料，另一方面利用发酵技术将动物的粪便及废水转化为安全的有机肥料，也能缓解能源问题，实现种养结合的生态绿色的循环养殖。

尽管这种养殖模式相对于大规模的集约化养殖生猪的生产水平会稍低，但是综合长期的经济效益、社会效益还是可观的。

2. 智能养猪 智能养猪即在养猪过程中利用互联网功能，提升养殖业的生产水平，降低能源消耗，提高工作效率，推动养猪业的发展。常见的有智能感应系统、自动控温系统、自动饲喂系统、监控系统、预警系统等。

（1）智能管理系统包括智能猪舍、智能饲喂站、智能生长性能测定站、智能控温系统、智能清粪系统、监控和预警系统等。通过控制间对这些智能设备进行管理和协调，从而使养殖舍各项工作都有序地进行，达到提高效率、降低成本的目的。

（2）精细化养殖是利用电脑监测系统对每头猪根据个体的生长发育阶段制订相应的养殖计划，提高劳动效率的同时减少了饲料和兽药的不必要浪费。

目前市场上母猪的群饲系统就是利用的这一技术。

（3）产品追溯系统是通过电子标签技术对市场猪肉实行全程追溯，保证猪肉的来源和质量。我们国家已经开始研究，计划通过电子标签进行追溯，能够追溯到批次、追溯到场、追溯到个体，这是下一步为保证畜产品安全将要实施的举措。

3. 动物福利　世界动物卫生组织（OIE）2001 年定义动物福利是指动物如何适应其所处的环境，满足基本的自然需求。国际公认动物福利的五大自由（5F）是：①不受饥渴的自由；②生活舒适的自由；③不受伤害的自由；④生活无恐惧、悲伤的自由；⑤表达天性的自由。动物福利的理念进入中国已有十余年，一直不被大众认可的多半原因是认为动物福利会增加生产成本。其实并非如此，提高动物福利在国外已经成为大众的共识，提供基本的动物福利有助于动物的健康成长，动物健康成长才能生产出优质的畜产品，才能更好地为人类服务。动物福利措施能够提高动物源性食品的安全性。近些年，西方国家加强了动物福利的保护力度，并以动物福利为标准设立贸易壁垒，限制非动物福利产品的交易。因此，实施动物福利措施对动物本身、人类健康、产品贸易都有极大的好处。

4. 低碳生产　我国在哥本哈根全球气候大会上承诺，到 2020 年单位国内生产总值二氧化碳排放量要比 2005 年降低 40%~45%。低碳生活的旋风迅速席卷了全球的每个角落，甚至在改变着人们的生活方式。根据联合国粮农组织报告，畜牧业是温室气体排放的主要产业之一，甲烷（CH_4）排放量占全球总量的 1/3，氨气排放量占全球总量的 2/3。在不同的畜种中牛排在首位，但由于我国猪的养殖量远远高于牛，生猪养殖过程中温室气体的排放量也是十分巨大的。所以，没有低碳的畜牧业就没有低碳的健康生活，解决养猪业中的气体排放，将是一个长期而又艰巨的任务。

第二章　猪品种简介

一、世界著名品种

（一）大约克夏猪

大约克夏猪（大白猪，Yorkshire，Large white）原产地在英国，引入我国后，经多年培育驯化，已经有了较好的适应性（图2-1）。该品种猪的特点为全身白毛，耳朵大小中等，稍向前直立。体形大，成年公猪体重250~300 kg，成年母猪体重230~250 kg。胸宽、充实，臀宽，全身大致呈长方形。乳头7对以上。主要特点是生长快，5~6月龄体重可达100 kg；饲料报酬高，达（2.3~2.7）：1，增重速度快，达850~900 g/d。适应性强（分布全世界），耐粗饲（适应各种饲养方式），应激反应小。产仔较多，母猪每胎产仔9~11头。屠宰率71%~73%，胴体瘦肉率60%~65%。

图2-1　大约克夏猪

（二）长白猪

长白猪（Landrace）原产于丹麦，它是用英国的大约克夏猪与丹麦当地土种白猪改良而成的（图2-2）。长白猪的主要特点是全身被毛白色，头小清秀，颜面平直。耳大向前平伸，略下耷。体躯长，前窄后宽呈流线型。体形大，成年公猪体重350～400 kg，成年母猪体重220～300 kg。对饲料营养水平要求较高，在良好饲养条件下，生长发育较快，5～6月龄体重可达100 kg以上。屠宰率69%～75%，胴体瘦肉率65%以上。产仔数高，母猪每胎产仔9～12头。

图2-2　长白猪

（三）杜洛克猪

杜洛克猪（Duroc）原产于美国东北部（图2-3）。杜洛克猪全身被毛棕红色，变异范围是由金黄色到深红褐色，皮肤上可能出现黑色斑点。耳中等大小，耳根稍立，中上部下垂，略向前倾，嘴略短，颜面稍凹。体高而身腰较长，体躯深广，背呈弓形，后躯肌肉特别发达，四肢和骨骼粗壮结实，蹄黑色，大腿丰满。杜洛克猪体质健壮，抗逆性强，饲养条件比其他瘦肉型猪要求低。生长速度快，饲料利用率高，在良好的饲养管理条件下，160日龄可达90 kg。体形大，成年公猪体重340～450 kg，成年母猪体重300～390 kg。屠宰率约75%，胴体瘦肉率约66%。母猪产仔数较其他品种少，每胎平均产仔9～10头。杂交配合力好，适宜作为杂交终端父本。

（四）汉普夏猪

汉普夏猪（Hampshire）原产于美国（图2-4）。该猪全身被毛黑色，只是在颈肩结合部有一白色带（包括肩和前肢，故亦称银带猪）。头中等大，嘴较长而直，耳直立；体躯较长，体上线呈弓形，体下线水平，全身呈半月形，体质强健，体形紧凑，性情温顺。该猪的主要特点是生长发育较快，抗逆性较强，饲料利用率较高，在良好饲养条件下，180日龄体重可达90 kg。成年公猪体重315～410 kg，成年母猪体重250～340 kg。胴体瘦肉率60%以上。性成熟较晚，母猪每胎平均产仔8～9头。

图2-3　杜洛克猪

图2-4　汉普夏猪

（五）皮特兰猪

皮特兰猪（Pietrain）原产于比利时，由法国的贝叶杂种猪与英国的巴克夏猪进行回交，再与英国大约克夏猪杂交育成（图2-5）。该猪被毛灰白色带不规则的黑色斑，头部颜面平直，嘴大而直，体躯呈圆柱形，背直而宽大。皮特兰猪的特点是瘦肉率高，肌肉丰满，尤其是双肩和后躯。在良好的饲养条件下，生长迅速，6月龄体重可达90~100 kg。屠宰率约76%，瘦肉率可高达78%。公猪性欲强，母猪190日龄左右初情，发情周期18~21 d，每胎产仔10头左右。

图2-5 皮特兰猪

二、中国著名品种

(一) 内江猪

内江猪主要产于四川省内江地区(图2-6)。内江猪全身被毛黑色,头大嘴短,额面横纹深陷成沟,额皮中部隆起成块。耳中等大而下垂。体形较大,体躯宽深,背腰微凹,四肢较粗壮。内江猪主要特点是耐粗饲,对逆境有良好的适应性,生长发育较快,肉质好。体重90 kg屠宰,屠宰率约67%,胴体瘦肉率约37%。成年公猪体重170 kg左右,成年母猪体重155 kg左右。性成熟早,繁殖性能好,经产母猪平均每胎产仔11~12头。

图2-6 内江猪

(二) 民猪

民猪原称东北民猪、大民猪、二民猪、荷包猪,产地(或分布)为黑龙江、吉林、辽宁、河北等省(图2-7)。民猪的主要特性是头中等大,面直长、耳大下垂。体躯扁平，背腰狭窄，臀部倾斜，四肢粗壮，全身被毛黑色，冬季密生绒毛。抗寒能力强。在 -28 ℃ 仍不发生颤抖，-15 ℃ 以下正常产仔哺育。成年公猪平均体重为 195 kg，成年母猪为 151 kg。胴体各部分的早熟性是按骨骼—肌肉—皮肤—脂肪顺序而先后出现的。性成熟早，母猪 4 月龄初情，9 月龄排卵约 15 枚，护仔性强。产仔数头胎 11 头，三胎 11~12 头，四胎以上 13~14 头。肥育期日增重为 458 g，屠宰率为 72.5%，体重达 90 kg 后脂肪增加，瘦肉率下降。

图 2-7　民猪

（三）八眉猪

八眉猪又称泾川猪、西猪，中心产区主要为甘肃、宁夏、陕西、青海、新疆、内蒙古等省区（图 2-8）。主要特性为全身被毛黑色，头狭长，耳大下垂，额有纵行"八"字形皱纹，故名"八眉"，分大八眉、二八眉和小伙猪三种类型。生长发育慢，大八眉成年公猪平均体重 104 kg，成年母猪平均体重 80 kg；二八眉成年公猪体重约 89 kg，成年母猪体重约 61 kg；小伙猪成年公猪体重约 81 kg，成年母猪体重约 56 kg。公猪 10 月龄体重 40 kg 配种，母猪 8 月龄体重 45 kg 配种。产仔数头胎 6~7 头，三胎以上 12 头。肥育期日增重为 458 g，瘦肉率为 43.2%，肌肉呈大理石条纹，肉嫩，味香。

（四）汉江黑猪

汉江黑猪包括黑河猪、铁河猪、铁炉猪、水磴河猪、安康猪等，主要产于陕西南部汉江流域（图 2-9）。分为大耳黑猪和小耳黑猪两个类型。前者又可分为"狮子头"和"马脸"二型，马脸型猪体形大，头大，脸直，身长，腿高；狮子头型猪头短宽，面微凹，耳大下垂，达于嘴角或与嘴齐，形如蒲扇，耳根较软，嘴筒粗。小耳黑猪头小，嘴尖，耳小而薄，耳根较硬，半下垂，仅达眼下，形如杏叶。成年公猪平均体重为 137.56 kg，成年母猪为 92 kg。性成

图 2-8　八眉猪

熟早，公猪 3~4 月龄、母猪 4~5 月龄开始初配，初产仔 8~9 头，经产仔 10 头。肥育期日增重为 561 g，屠宰率为 66%，腿臀比例为 27.5%，瘦肉率为 49.3%。

图 2-9　汉江黑猪

（五）海南猪

海南猪包括文昌猪、临高猪、屯昌猪，主要产于海南省文昌市、屯昌县、临高县（图 2-10）。其主要特性为头小，鼻梁稍弯，耳小而薄、直立，并稍向前倾，耳根较宽广，嘴筒短而钝圆。体躯较丰满，背宽微凹，腹大下垂，臀部肌肉发达，飞节处有皱褶。毛色白多黑少，从头部沿背线直到尾根有一条黑毛黑皮的宽带，俗称"黑背条"。成年母猪体重 94 kg。性成熟早，小公猪 15~20 日龄有爬跨行为，60 日龄有配种能力，90 日龄配种，母猪 3~4 月龄第一次发情，7~8 月龄配种。2 岁母猪产仔 9~10 头，3 岁以上产仔 12~13 头。肥育期日增重为 147~368 g，屠宰率为 69.4%，眼肌面积 25.5 cm^2，瘦肉率为 38.5%。

图 2-10 海南猪

三、猪的生物学习性和行为学特点

(一) 多胎高产，世代间隔短

猪一般 4~5 月龄达到性成熟，国外品种猪 8~10 月龄、地方品种猪 6~8 月龄就可以初次配种。妊娠期短，为 111~117 d，平均为 114 d。世代间隔短，一般在 12 月龄就有第二代。经产母猪 1 年可产 2~3 胎，平均每胎产仔 11 头以上。

(二) 生长发育快

猪和牛、羊、马相比，其胚胎生长和仔猪生后生长期最短，生长强度最大。猪初生体重小，仅占成年猪体重的 0.5%~1%，但出生后发育迅速，尤其是生后的头两个月生长发育特别快。1 月龄体重为初生体重的 5~6 倍，2 月龄体重为 1 月龄体重的 2~3 倍。瘦肉型猪长到 5 月龄时屠宰体重可达 100 kg 以上。

(三) 大猪怕热，小猪怕冷

猪是恒温动物，在正常情况下，猪体可以通过自身的调节来维持正常的体温。但猪无汗腺，在天热的时候不能靠出汗来散发热量，脂肪层也阻止了体内热量的迅速散发。因此，大猪怕热。

初生仔猪皮薄毛稀，皮下脂肪少，故保温性能差，散热快。小猪大脑皮质发育不全，神经传导功能也较差。因此，小猪调节体温适应环境的能力弱，怕冷。一般小猪的适宜环境温度为 22~35 ℃，大猪的适宜温度为 10~20 ℃。

(四) 嗅觉灵敏，听觉完善，视觉不发达

猪的嗅觉非常灵敏，对气味的辨别能力极强。在诱导发情、公猪采精、仔猪固定乳头和并圈等生产活动中，嗅觉都起着重要作用。猪的听觉比较发达，便于调教。猪的视力很差，视野范围小，不靠近物体就看不见东西，对光线强

弱、物体颜色分辨力较差。

（五）爱好清洁，三点定位

三点定位即吃食在一处，睡觉在一处，排粪便在一处。三点定位一旦固定，基本不变。进猪前可在圈内一角放点水，其他地方保持干燥。猪进栏后，排粪便时就会寻找潮湿的地方，养成定点排粪便的习惯。猪的食槽应固定在一处，不要乱放多喂，避免浪费和污染饲料。

（六）群体生活，位次明显

猪群体位次明显，即一个猪群中有强、中、弱之分，强者在采食、睡觉等活动中都占先，弱者只能排在后面。因此，在组群时一定要按品种、强弱分群饲养。

（七）猪对环境的要求

安全优质的畜产品与猪的生活环境有着极其紧密的关系，因此只有仔细研究猪对环境的具体要求才能有效地预防疫病的发生，提高品质，降低成本，使畜牧业实现可持续发展。

1. 对温度的要求 猪是恒温动物，在正常情况下猪可以通过自身的生理调节来应对外界的温度变化。当外界温度适宜时，猪体温调节波动不大，饲料的利用也是最为经济的；当温度过低或过高时，猪只都要通过自身的体温调节系统来控制体温的变化，此时猪只的饲料消耗增加，生产水平降低，或采食降低，活动减少，更有甚者出现冻死或者热死的情况。所以，把环境温度控制在猪只生长的最适宜范围之内，才能充分地发挥饲料的利用率，从而达到提高生产水平的目的。各个阶段的猪只，除了带仔母猪温度控制在 22~25 ℃，断奶仔猪控制在 21~22 ℃外，其余大猪的环境温度可用下面公式来计算：

$$T = -0.06 \times M + 26$$

式中：T 为环境温度；

M 为猪的体重。

按照公式计算的话，体重为 80 kg 的猪，适宜的环境温度为 21.2 ℃。

2. 对湿度的要求 一般情况下猪舍内的相对湿度为 40%~80%，猪只适宜的相对湿度为 65%~70%。

3. 对舍内通风的要求 舍内的空气流动，其流动速度和流动量与猪的生产水平有着直接的关系。高温天气通风有利于猪只的机体散热，有利于其健康，提高生产力。冬天，通风量增加加剧了机体散热，导致猪只寒冷，增加能量消耗，降低猪只的生产力。一般按标准，每千克的活体需要的通风量冬季是 0.35 m³/h，春秋季节需要的通风量为 0.45 m³/h，夏季的通风量相对较大为 0.65 m³/h；冬季风速一般不超过 0.30 m/s，夏季风速一般保持在 100 m/s 左右。

4. 对舍内采光的要求　猪舍一般采用的都是自然采光配合人工照明设计，应符合自然光照窗户和地面面积比例为（1∶15）～（1∶12），辅助的人工照明为 50~75 lx，光照时间为 8~12 h。许多研究也表明了光照对猪的肉增重、饲料利用率、肉品质等方面没有显著的影响。从生物学的角度来说，猪对光不是很敏感，因此，光照对猪只的影响不大，舍内光线能满足工人的工作需要，不影响猪只采食即可，过强的光照会影响猪只的休息和睡眠，从而影响其生长性能。

5. 对舍内噪声的要求　猪舍内的机械、清扫、打斗等声音都会对猪只的采食、休息、增重等造成影响，只要噪声强度不超过 85 dB 都可以。

第三章　规模化猪场建设

一、场址选择

规模化猪场场址选择首先应进行方案论证，符合当地土地利用规划和村镇建设发展规划的要求。交通方便的地区，充分利用当地已有的交通条件。必须有满足生产需要的水源和电源，周围要有足够的土地面积消纳粪便。场址应在地势高燥、平坦处，不占或少占耕地。在丘陵山地建场应尽量选择阳坡，坡度不宜超过20°。场址应具备满足建设工程需要的水文地质和工程地质条件。场址与居民点的间距应在500 m以上；与其他畜牧场、畜产品加工厂的间距应不小于500 m；与畜产品物流贸易市场的间距应在2 000 m以上；与主要公路、铁路距离应在500 m以上。

以下地段或地区严禁建场：①各地市规定的禁养区，有自然保护区、水源保护区、风景旅游区；②受洪水或山洪威胁及泥石流、滑坡等自然灾害多发地带；③自然环境污染严重、畜禽疫病常发区。

二、规模化猪场的总体布局与建设用地

(一) 猪场规划布局

总体布局原则：满足生产工艺要求，创造良好生产和生活环境；合理利用地形，减少土方量，降低造价，节约土地；保证建筑物满足采光、通风、防疫、防火等间距要求；充分考虑废弃物处理与利用，保证清洁生产；长远考量，留有发展余地。

按夏季主导风向，管理区应位于生产区的上风向或侧风向，隔离区应位于生产区的下风向或侧风向。各区之间用隔离带隔开，并设置专用通道和消毒设备，保障生物安全。

猪舍朝向应兼顾通风和采光，猪舍纵向轴线与常年主导风向成30°~60°。

猪舍之间间隔应考虑采光、通风和防疫。

$$L_{采光} = （1.5～2）H$$

式中：$L_{采光}$为满足两个舍采光的间距；

H 为舍的檐口高度。

地理纬度越高，系数的取值应越大。

$$L_{通风} = （3~5） H$$

式中：$L_{通风}$ 为满足两个舍通风的间距；

H 为舍的檐口高度。

风向入射角为 0°时，取（4~5）H，30°~60°时取 3H；自然通风时取 5H，机械通风时取 3H。

$$L_{防火} = （3~5） H$$

式中：$L_{防火}$ 为在没有任何保护措施的情况下，建筑物不会因为相邻建筑物起火的热辐射作用而引起火灾的安全距离；

H 为舍的檐口高度。

猪舍为二、三级耐火等级建筑物，防火间距应在 8~12 m 以上。

猪场的供水、供电、供暖等设施应靠近生产区的负荷中心布置。

（二）规模化商品猪场的功能划分

商品猪场按功能分区包括生活管理区，辅助生产区，生产区，隔离、粪污处理区。

（1）生活管理区：位于场区上风向和地势高燥处，处于场区主要出入口，接近交通干线，便于内外联系。

（2）辅助生产区：位于生产区上、侧风向，位置适中，便于联系生活管理区和生产区。

（3）生产区：与生活管理区和辅助生产区之间应设围墙和必要的隔离设施；入口处应设人员及车辆消毒设施；位置应接近场外道路，方便运输。

（4）隔离、粪污处理区：位于场区的下风向或地势较低处；与生产区之间应保持适当的卫生间距和绿化隔离带；与生产区和场外的联系应有专门的大门和道路。

（三）不同功能区的建筑组成

根据商品猪场组织生产、生物安全、环境控制等要求，设置生产、公共配套、管理、生活、防疫和粪污无害化处理等设施，具体工程可根据工艺设计和饲养规模实际需要增删。

（1）生产设施：空怀配种舍、妊娠舍、分娩哺乳舍、保育舍、育成舍、育肥舍。

（2）公用配套设施及管理和生活设施：有围墙、大门、场区道路、变配电室、发电机房、锅炉房、水泵房、蓄水构筑物、饲料加工车间、物料库、车库、修理间、办公用房、食堂、职工宿舍、门卫值班室、场区厕所等。

（3）防疫设施：有淋浴消毒室、兽医化验室、病死猪无害化处理设施、病猪隔离舍。

（4）粪污无害化处理设备：有粪污贮存及无害化处理设施。

（四）建设用地

不同猪场的建设用地面积不宜高于表 3-1 中的数据。

表 3-1　猪场占地面积及建筑面积指标

建设规模（出栏）（头/年）	2 000	10 000	50 000
占地面积（m²）	7 620~11 500	36 000~39 000	138 700~158 400
总建筑面积（m²）	2 350~3 520	10 090~10 420	45 200~45 900
生产建筑面积（m²）	2 150~3 250	8 600~8 800	40 500~40 800
其他建筑面积（m²）	200~270	1 500~1 700	3 500~4 000

注：其他建筑包括值班室、办公室、宿舍、水泵房、维修间、锅炉房、变配电室等。

（五）辅助建筑面积

更衣室、消毒室、淋浴间、人工授精室、兽医诊疗化验室等辅助建筑面积不宜高于表 3-2 中的数据。

表 3-2　辅助建筑面积

建设规模（出栏）（头/年）	2 000	10 000	50 000
更衣、淋浴、消毒室面积（m²）	40	120	240
人工授精室面积（m²）	30	100	190
兽医诊疗化验室面积（m²）	30	100	190

（六）各功能区占地比例指标

生活管理区占 10%~15%，生产区占 70%~85%，隔离区占 5%~15%。

三、规模化猪场的群体结构与生产工艺

现代养猪生产中，将猪群划分为基础母猪繁殖群、仔猪保育群、育成育肥猪群和后备猪群。其中基础母猪繁殖群又划分为空怀母猪群、妊娠母猪群、分娩哺乳母猪群。根据猪群正常周期运转，需严格安排工艺流程。

（一）猪场的生产工艺参数

猪场各猪群的生产工艺参数见表 3-3。

表 3-3　猪场各猪群的生产工艺参数

公猪群		
后备公猪饲养天数	70	d

续表

公猪群		
初配体重	130~140	kg
死淘率	5%	
公母比（自然交配）	1:30	
公母比（人工授精）	1:100	
种公猪年更新率	50%	
母猪群		
后备母猪饲养天数	70	d
初配体重	120~130	kg
死淘率	5%	
断奶至发情平均天数	7	d
情期受胎率	90%	
妊娠期	114	d
确认妊娠天数	21	d
妊娠分娩率	95%	
妊娠母猪提前进产房	7	d
母猪窝产活仔数	10	头
基础母猪更新率	40%	
哺乳期	28	d
哺乳仔猪群		
哺乳天数	28	d
哺乳期成活率	92%	
保育猪群		
饲养天数	35	d
保育期成活率	95%	
生长猪群		
饲养天数	56	d
生长期成活率	98%	

续表

育肥猪群		
饲养天数	49	d
育肥期成活率	99%	
其他参数		
种猪选育场种猪合格率	60%	
祖代场二元母猪合格率	85%	
各类猪群转群消毒期	7	d

（二）规模化猪场生产工艺流程

工厂化养猪生产把猪从新生命形成至猪出栏上市整个饲养过程，依据不同生长、发育时期的生理特征划分为若干个连续的饲养阶段。

1. 三段式饲养工艺流程　空怀及妊娠期-哺乳期-生长育肥期。

三段式饲养二次转群适用于规模较小的养猪企业，其特点是：简单、周转次数少、猪舍类型少，节约建筑费用。

2. 四段式饲养工艺流程　空怀及妊娠期-哺乳期-仔猪保育期-生长育肥期。

四段式饲养将三段式饲养中仔猪保育阶段独立出来。仔猪保育阶段一般饲养 5 周，体重达到 20 kg，转入生长育肥舍。断奶仔猪对环境要求比较高，这样便于采取措施提高成活率。

3. 五段式饲养工艺流程　空怀配种期-妊娠期-哺乳期-仔猪保育期-生长育肥期。

五段式饲养与四段式饲养流程相比，把空怀配种母猪和妊娠母猪分开，单独成群，有利于配种，提高繁殖率。空怀母猪配种后观察 21 d，确定没有返情的母猪转入妊娠舍，饲养至产前 7 d 转入分娩舍。这种工艺的优点是断奶母猪复膘快、发情集中、便于发情鉴定，容易把握配种时机。

4. 六段式饲养工艺流程　空怀配种期-妊娠期-哺乳期-仔猪保育期-生长期-育肥期。

六段式饲养与五段式饲养相比，是将生长育肥期分成生长期和育肥期，各饲养 7~8 周。仔猪从出生到出栏经过哺乳、保育、育成、育肥四段。此工艺流程的优点是可以最大限度地满足猪生长发育对饲料营养、环境管理等的不同要求，充分发挥其生长潜力，提高养猪效率。缺点是由于环节较多，增加了转群次数，会造成猪群的应激反应。

5. 三点式工艺流程　对于年出栏 10 万头以上的猪场，建议设置繁殖母猪场、仔猪保育场和育肥猪场,各个场区按单元实行全进全出。这样不但利于防疫,方便管理,而且可以避免由于猪场过于集中而给疫情防控、环境控制和粪污处理带来压力。

(三)猪群结构

1. 猪场生产工艺流程 某年出栏 5 万头商品猪场生产工艺流程如图 3-1 所示。

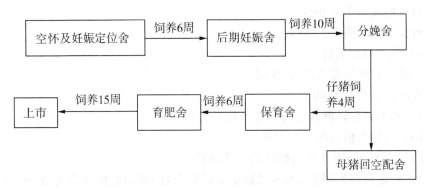

图 3-1 某年出栏 5 万头商品猪场生产工艺流程

按此生产工艺,该场需要建空怀及妊娠舍、后期妊娠舍、分娩舍、保育舍、育肥舍。

2. 猪群结构 确定猪群结构的依据和步骤。

(1)各阶段工艺参数确定:项目按现代化养猪要求设计生产工艺流程,实行流水生产工艺,即把猪群按生产过程专业化的要求划分为母猪繁殖群(空配群和妊娠群)、分娩哺乳阶段、仔猪保育群、育成阶段、育肥阶段。

1)能繁母猪群:2 500 头。

2)种公猪群:人工授精比例 1∶100,公猪年更新率 50%。

3)后备母猪群:后备群饲养 70 d。

4)母猪群:

断奶至发情平均为 14 d,情期受胎率为 90%。

妊娠期为 114 d,确定妊娠所需天数为 21 d。

妊娠母猪分娩率为 95%。

妊娠母猪提前进产房天数为 7 d。

哺乳期为 21 d。

基础母猪年更新率为 40%。

5)哺乳仔猪群:

仔猪哺乳天数为 21 d。

哺乳期成活率为90%。

6）保育猪群：

保育期天数为49 d。

保育猪成活率为95%。

7）育成猪群：

育成猪群天数为56 d。

育成期成活率为98%。

种猪产品合格率为30%。

8）淘汰育肥猪群：

淘汰育肥猪饲养天数为14周。

育肥猪成活率为99%。

9）各类猪群转群后空圈消毒天数为7 d。

10）母猪返情复配天数为49 d。

（2）存栏5 000头种猪推断的工艺参数

1）妊娠母猪舍饲养天数=母猪正常妊娠天数-确定妊娠所需天数-提前进产房天数=114-21-7=86 d。

2）空怀母猪舍饲养天数=（断奶至发情天数+确定妊娠所需天数）+21×（1-情期受胎率）+返情复配天数×情期受胎率×（1-妊娠母猪分娩率）=（14+21）+21×（1-0.9）+49×0.9×（1-0.95）=39.31 d。

3）哺乳母猪舍饲养天数=提前进产房天数+哺乳期天数=7+21=28 d。

4）断奶仔猪饲养天数为49 d。

5）育成猪饲养天数为56 d。

6）淘汰猪育肥天数=14×7=98 d。

7）母猪平均繁殖周期=各阶段母猪饲养天数之和=39.31+86+7+21=153.31 d。

8）母猪平均年产窝数=365/母猪平均繁殖周期=365/153.31=2.38窝。

9）母猪平均周产窝数=5 000×2.38/52=229窝。

（3）存栏5 000头母猪的猪群结构及占栏

1）公猪存栏头数=基础母猪数×（1∶100）=5 000×0.01=50头。

种公猪带猪消毒，因此公猪占栏数等于存栏数。

2）空怀母猪存栏头数=基础母猪数×空怀母猪饲养天数/母猪繁殖周期=5 000×39.31/153.31=1 282头。

空怀母猪占栏数=空怀母猪存栏头数×（空怀母猪饲养天数+空圈天数）/空怀母猪饲养天数=1 282×（39.31+7）/39.31=1 510栏。

3）妊娠母猪存栏头数=基础母猪数×妊娠母猪饲养天数/母猪繁殖周期=

5 000×86/153. 31＝2 805 头。

妊娠母猪占栏数＝妊娠母猪存栏头数×（妊娠母猪饲养天数+空圈天数）/妊娠母猪饲养天数＝2 805×（86+7）/86＝3 033 栏。

综合 2）和 3），定位栏应设计 1 510+3 033＝4 543 栏。本设计定位栏舍分为 5 栋，每栋 912 个栏，共 4 560 栏。

4）哺乳母猪存栏头数＝基础母猪数×哺乳母猪饲养天数/母猪繁殖周期＝5 000×28/153. 31＝913 头。

哺乳母猪占栏数＝哺乳母猪存栏头数×（哺乳母猪饲养天数+空圈天数）/哺乳母猪饲养天数＝913×（28+7）/28＝1 141 栏。

本设计哺乳母猪舍为 5 栋，每栋 5 个单元，每单元 48 个栏位，共 1 200 个栏位（多出的为机动栏位）。

5）保育舍设计：保育舍与分娩舍对应，每两窝合并一窝转群。

6）育成舍设计：育成猪群＝保育猪×30%的留种率。每栋为一周的转群。

7）淘汰猪育肥舍设计：淘汰猪＝保育猪−育成猪。每栋为一周的转群。

第四章　猪场生产车间设计

一、设计原则

规模化猪场车间设计应综合考虑各种影响因素，包括猪只的生物学特性、组织生产的目的、当地的自然条件等。因此在设计时应考虑以下几点基本原则。

（一）猪场车间设计应考虑猪只的生活习性和生物学特性

要考虑猪只不同生理阶段所适应的温度和湿度。比如哺乳仔猪适宜的温度随周龄的变化而变化，第 1 周 30～32 ℃，第 2 周 26～30 ℃，第 3 周 24～26 ℃。除哺乳仔猪外，其他猪舍夏季温度不应超过 25 ℃。另外，要考虑猪只生长的适宜密度和群体大小，其多少直接影响圈舍建设设计是否合理和经济效益。

（二）组织生产的目的

考虑猪场建设的生产目的，可分为不同类型的猪场：原种猪场、扩繁猪场、商品猪养猪场及养殖小区等。另外，设计车间时还应考虑到日后便捷、科学的生产管理，便于机械设备的安装、操作，降低劳动强度。

（三）结合当地气候和地理条件

我国幅员辽阔，从南到北气候、地质条件相差甚远，因而对猪舍的建筑设计要求也各有差异。南方雨量充沛、气候炎热，主要注意夏季的通风降温。北方高燥寒冷、冻土层厚，冬季应考虑保温。

二、生产车间建设工艺参数

生产车间建设工艺参数见表 4-1～表 4-4。

表 4-1　各类猪群饲养密度

猪群类别		每栏建议饲养头数	每头占栏面积（m²）
种公猪		1	8～12
空怀、妊娠母猪	限位栏	1	1.32～1.56
	群饲	4～5	1.8～2.5

续表

猪群类别	每栏建议饲养头数	每头占栏面积（m²）
后备母猪	4~6	1.5~2.0
分娩母猪	1	3.15~4.32
保育猪	10~25	0.35~0.5
生长育肥猪	10~28	0.7~1.2

表4-2　猪栏基本参数

猪栏种类	栏高（mm）	栏长（mm）	栏宽（mm）	栅栏间隙（mm）
公猪栏	1 200	3 000~4 000	2 700~3 000	100
配种栏	1 200	3 000~4 000	2 700~3 000	100
空怀母猪栏	1 000	3 000~3 300	2 900~3 100	90
妊娠定位栏	1 000	2 150~2 400	590~650	310~340
分娩栏	1 000	2 150~2 700	1 500~1 800	310~340
保育栏	700	3 000~3 600	2 400~3 000	55
生长育肥栏	1 000	3 000~4 000	3 000~5 000	85

表4-3　食槽基本参数

形式	适用猪群	高度（mm）	采食间隙（mm）	前缘高度（mm）
水泥定制食槽	公猪、妊娠母猪	350	300	250
铸铁半圆弧食槽	分娩母猪	500	310	250
长方体金属食槽	哺乳仔猪	100	100	70
长方形自动落料食槽	保育猪	700	140~150	100~120
	生长育肥猪	900	220~250	160~190

表4-4　自动饮水器的水流速度和安装高度

使用猪群	水流速度（mL/min）	安装高度（mm）
公猪、空怀妊娠母猪、哺乳母猪	2 000~2 500	600
哺乳仔猪	300~800	120
保育猪	800~1 300	280
生长育肥猪	1 300~2 000	380

三、猪场生产车间建筑设计

(一)猪舍的建筑造型

1. 猪舍的建筑形式 猪舍建筑按其外围护结构完整性,可分为开放式、半开放式、密闭式和有窗式等;按屋顶形式,可分为平屋顶、单坡式、双坡式、拱顶式、半气楼式等;按舍内猪栏配制,可分为单列式、双列式和多列式等。此外,还可按猪舍用途分为公猪舍、配种猪舍、空怀母猪舍、妊娠母猪舍、分娩舍、保育舍、生长育肥舍等。

2. 猪舍外围护结构类型

(1)开放式和半开放式猪舍:开放式猪舍有三面墙,南面无墙而全部敞开,用运动场的围墙或围栏做分隔;或无任何围墙,只有屋顶和地面,外加一些围栏,除对雨、雪、太阳辐射等有一定的遮挡外,几乎暴露于外界环境中。这类猪舍一般多建于炎热地区,这种猪舍能获得充足的阳光和新鲜的空气,同时猪只能自由地到运动场活动,有益于猪只的健康,但舍内昼夜温差较大,保温防暑性能差。

半开放式的猪舍上有屋顶,东、西、北三面为满墙,南面为半截矮墙,上半部分开敞,可设运动场或不设运动场。这类猪舍采光、通风良好,但保温性能差,冬季可使用卷帘进行保暖防寒。

(2)密闭式猪舍:密闭式猪舍无窗,与外界自然环境隔绝,完全依赖机械通风、自动控温、人工补光等工程手段,创造适合猪群生长的最佳小环境。此类猪舍适用于我国各地。

(3)有窗式猪舍:这类猪舍设置侧窗、天窗或气楼等自然通风口,还可根据当地的气候情况配合使用机械通风。此类猪舍适用于我国大部分地区。

3. 猪舍屋顶类型

(1)平屋顶:屋顶一般采用钢筋混凝土现浇板或预制板,排水方式可以采用无组织排水或有组织排水。

(2)单坡式:屋顶由一面坡构成,跨度很小、构造简单、排水顺畅、通风采光良好、造价低;但冬季保温性能差。

(3)双坡式:根据两面坡长可分为等坡和不等坡两种。我国大部分养殖场建筑多采用双坡式。优点与单坡式基本相同,且保温性能较好,但造价略高。

(4)拱顶式:拱顶式结构材料有砖石和轻型钢材。砖石结构为砌筑而成,可以就地取材,造价低廉;而轻钢结构配件可以预制,快速装配,施工速度快,可迁移。

(5)半气楼式:屋顶呈高低两部分,在高低落差处设置窗户,供南侧采光和整栋舍的通风换气，也可配合机械通风。

通常单坡式屋顶适用于公猪舍或其他采用单列的猪舍。北方地区选用单坡式或南坡短、北坡长的不等坡屋顶，可在冬季获得较好的太阳辐射。此外，有些猪舍往往根据当地的建筑习惯、施工条件和结构造价等，建成平顶式、锯齿式、联合式等类型的猪舍。由于屋顶形式不同，对猪舍温热环境会有较大影响。

（二）猪栏的配置形式

1. 单列式　一般猪栏在舍内南侧排成一列，猪舍内北侧设走道。具有通风和采光良好、舍内空气清新、能防潮、建筑跨度简单等优点；北侧设有走道，更有利于保暖防寒，且可以在舍外南侧设运动场。但建筑利用率较低，一般中小型猪场建筑和猪舍建筑多采用此种类型。

2. 双列式　在舍内将猪栏排成两列，中间设走道或两侧设走道，此设计一般不设运动场。其优点是便于管理，利于实现机械化饲养，建筑利用率高；缺点是采光、防潮不如单列猪舍，北侧猪栏比较阴冷。育成、育肥舍一般采用此种形式。

3. 多列式　舍内猪栏排列在三列及以上，一般设置偶数列居多。多列式猪舍的栏位集中，运输线路短，生产效率高；建筑外围护结构散热面积小，有利于冬季保温。但建筑结构跨度增大，建筑构造复杂；自然采光不足，自然通风效果较差。因此这类猪舍多用于寒冷地区的大群育成、育肥猪的饲养管理。

（三）猪舍建筑平面设计

猪舍建筑平面设计主要解决的问题是：根据不同猪群的特点，合理布置猪栏、走道和门窗，精心组织饲料路线和清粪线路。

1. 猪舍平面布置形式　圈栏排布（单列、双列、三列）选择及其布置，要综合考虑饲养工艺、设备选型、每栋猪舍应容纳的头数、饲养定额、场地地形等情况。选用定型设备时，可以根据设备尺寸及围栏排列计算猪舍的长度和跨度。若选用非定型设备，则需要根据每圈容纳头数、猪只占栏面积标准和采食宽度标准来确定；若饲槽沿猪舍长度布置，则应按照采食宽度确定每个圈栏的宽度。走道面积一般占猪舍面积的 20%~30%，因此饲喂走道宽度一般为 0.8~1 m，清粪通道一般宽 1~1.2 m。一般情况下，采用机械喂料和清粪，走道宽度可以小一些，而采用人工送料和清粪，则走道需要宽一些。

2. 猪舍跨度和长度计算　猪舍的跨度主要由圈栏尺寸及其布置方式、走道尺寸及其数量、清粪方式与粪沟尺寸、建筑结构类型及其构建尺寸等决定。猪舍长度由工艺流程、饲养规模、饲养定额、机械设备利用率、场地地形等因素决定，一般不超过 70 m。猪舍过长生产管理不方便，且机械通风受到影响。

3. 门窗及通风洞口的平面布置　门的位置要根据饲养人员的工作和猪只转

群路线的需要而设置。为饲养人员、猪只转群、手推车出入的门宽应在1.2~
1.5 m，门外设坡道。猪舍的外门宽度不应小于1.5 m，应采用双扇门。猪栏圈
门宽不小于0.8 m，所有的门一律往外开启。

窗的设置应考虑采光和通风的要求，面积大，则采光好，通风换气好，但
冬季散热和夏季传热多，不利于保温防暑。窗、地面积比：总猪舍为1：(8~
10)，育肥舍为1：(15~20)；通风口设计时需计算夏季最大通风量和冬季最小
通风量需求，合理组织舍内自然通风，确定窗户的大小、数量和位置。

（四）猪舍建筑的剖面和立面设计

1. 猪舍建筑剖面设计　猪舍剖面设计主要解决剖面形式、建筑高度、室
内外高差及采光通风洞口设置问题。根据工艺、区域气候、地方经济、技术水
平等选择平屋顶、单坡、双坡、气楼或其他剖面形式。在剖面设计时，需要考
虑猪舍净高、窗台高度、室内外地面高差，以及猪舍内部设施与设备高度、门
窗与通风洞口的设置等。

一般单层猪舍的净高取2.2~2.6 m，全漏粪式猪舍舍内净高为2.2 m，人
工干清粪式的猪舍多高于2.4 m。窗户的高度不低于靠前布置的栏位高度。

舍内外高差一般为0.3 m，舍外坡道为1/10~1/8。舍内净道一般略高于猪
床。此外，猪床、舍内污道、漏粪地板等处的标高应根据清粪工艺和设备需要
来确定。门洞口的底部标高一般同所处的室内地面标高，猪舍外门一般高2.0~
2.4 m，双列猪舍中间过道上设门时，高度应不小于2.0 m。风机洞口底标高一
般高出舍内地面0.8 m。

2. 猪舍建筑立面设计　猪舍的功能在平面、剖面设计中基本已经解决，
立面设计是对建筑造型的适当调整。为了美观，有时要调整在平、剖面设计中
已经解决的门、窗的高低大小，在可能的条件下也可以进行装修。

（五）猪舍建筑构造设计要求

1. 地面设计要求　猪栏、通道等地面部分是猪休息、活动的地方，对生
产影响很大；根据对猪的行为观察与分析，猪的躺卧和睡眠时间约占80%，猪
喜欢拱啃。因此，对地面设计要求较高，应做到：①不返潮，少导热；②易保
持干燥；③坚实不滑，有一定弹性，耐腐蚀，易于冲洗消毒；④便于猪行走、
躺卧；⑤使用耐久，造价低廉。此外，应使躺卧区地面有不小于1.7%、排粪
区地面有3%~5%的坡度。

2. 墙体设计要求　墙体是猪舍的主要围护结构和承重结构。总体要求坚
固耐久、抗震防火、便于清扫消毒和具有良好的保温隔热性能。规模化猪舍可
采用装配式轻型钢结构、聚苯乙烯复合夹心板、聚氨酯复合夹心板和岩棉复合
夹心板等新型保温墙体材料。

3. 屋顶设计要求　屋顶位于房屋的最上层，由屋面和承重结构组成。屋

面是房屋最上部起覆盖作用的外部围护构件，用以防御自然界风霜雨雪、气温变化、太阳辐射和其他外界的不利因素，以使屋顶下的空间有一个良好的使用环境。承重结构支撑屋面，并将屋面上的荷载传递至墙身或柱子上。屋顶的形式和构造不但对功能要求起作用，对经济美观也有影响。因此，正确进行屋顶设计是很重要的。屋顶要求结构简单、坚固耐久、保温良好、防雨、防火和便于清扫消毒。

屋顶的形式与房屋的使用功能、建筑造型及屋面材料等有关。因此，便形成了平屋顶、坡屋顶及曲面屋顶等多种形式。屋面坡度小于10%的屋顶称为平屋顶。通常把屋面坡度大于10%的屋顶称为坡屋顶，坡屋顶的形式有单坡、双坡。另外还有四坡顶、歇山、折板、锯齿形等屋顶形式，拱形、圆形或其他曲面形式的屋顶。在畜牧场的建筑中，主要有坡屋顶、平屋顶等形式。

屋顶的结构形式有砖混结构、混凝土结构、钢结构和木结构。砖混结构适用于跨度小于6 m的猪舍，混凝土结构和木结构适用于跨度小于10 m的猪舍，钢结构适用于大跨度的猪舍。砖混结构和混凝土结构结实耐用，但建设周期长，不适用于大跨度的猪舍；木结构造价低，在潮湿环境下容易腐蚀，而且防火要求高。对于规模化的猪场建设适宜采用钢结构，可以应用于大跨度猪舍，施工速度快，可以重复使用，但要注意钢构件表面的防锈处理。

屋面材料有混凝土现浇、混凝土预制板、玻璃钢波形瓦等，与墙体材料一样，也可采用彩色钢板和复合夹心板等新型材料。

4. 门窗设计要求

（1）门的设计要求：猪舍外门一般高2.0~2.4 m，宽1.2~1.5 m，门外设坡道。外门设置时应避开冬季主导风向或加门斗。双列猪舍的中间过道应用双扇门，宽度不小于1.5 m，高度不小于2.0 m；各种猪栏门的宽度不小于0.8 m，一律向外开启。

（2）窗户的设计要求：窗户面积大，则采光多、换气好，但冬季散热和夏季传热多，不利于保温防暑。设计时需根据当地的气候条件，计算夏季最大通风量和冬季最小通风量需求，组织室内通风流向，决定其大小、数量和位置。

5. 顶棚设计要求　顶棚又称天棚、吊顶，主要用来增加房屋屋顶的保暖隔热性能，同时还能使坡屋顶内部平整、清洁、美观。吊顶所用的材料有很多种类，如板条抹灰吊顶、纤维板吊顶、石膏板吊顶、铝合金板吊顶等。猪舍内的吊顶应采用耐水材料制作，以方便清洗消毒。顶棚的结构一般是将龙骨架固定在屋架或檩条上，然后在龙骨架上铺钉板材。

6. 粪沟和漏缝地板设计要求　为了保持栏内清洁卫生，粪沟上一般加漏缝地板（条），其优点是易于清除猪栏内的粪尿，便于清洁，保持干净、干燥。

不采用漏缝地板的猪舍内的粪尿沟，宽度取 350~400 mm，沟最浅处 200 mm 左右，沟由两端向中间坡，坡度取 1.5%~3%，粪沟内设沉淀池，上盖水泥盖板或铁箅子。

常用的有水泥漏缝地板块及水泥漏缝地板条等。现在也有厂家生产铸铁、塑料制品漏缝地板块和金属编制网漏缝地板。其中塑料漏缝地板效果最好，耐腐蚀、易消毒、导热系数小。漏缝地板的缝隙宽度不大于猪蹄表面积的 50%。

根据集粪工艺的不同分为水泡粪、机械干清粪模式。水泡粪模式下的粪沟要加强防水防渗、粪沟底部防开裂的处理，粪沟底板和侧壁转角处可做圆角。机械干清粪模式下的粪沟要注意底板的平整度及混凝土耐磨强度，防止底板不平整损坏刮粪设备。

四、猪舍建筑材料

（一）基础材料

基础是猪舍地下承重部分，它承受由承重墙和柱等传递来的一切重量，并将其下传给地基。因此，基础要求具有足够的强度和稳定性，以保证猪舍的坚固、耐久和安全。基础的类型较多，按基础所用材料及受力特点分为刚性基础和非刚性基础，按所在位置分为墙基础和柱基础两类。用刚性材料制作的基础称为刚性基础。刚性材料一般是指抗压强度高，抗拉和抗剪强度低的材料。常用的砖、石、混凝土等均属刚性材料。

刚性基础常用于地基承载力较好、压缩性较小的中小建筑。

非刚性基础也叫柔性基础。常用于建筑物的荷载较大而地基承载力较小的建筑物。

1. 各种刚性基础的材料和特点

（1）普通烧结砖：主要用于砌筑砖基础，采用台阶式逐级向下放大的做法，称之为大放脚。为满足刚性角的限制，一般采用每垒两层砖挑出 1/4 砖或每一层砖挑出 1/8 砖。砌筑砖基础前基槽底面要铺 20 mm 厚沙垫层。具有造价低、制作方便的优点，但取土烧砖不利于保护土地资源，目前一些地区已禁止采用黏土砖，可发展各种工业废渣砖和砌块来代替。由于砖的强度和耐久性较差，所以砖基础多用于地基土质好、地下水位较低的多层砖混结构建筑。

（2）毛石：由石材和砂浆砌筑毛石基础。石材抗压强度高、抗冻、耐水和耐腐蚀性都较好，砂浆也是耐水材料，所以，毛石基础常用于受地下水侵蚀和冰冻作用的多层民用建筑。毛石基础剖面形式多为阶梯形，基础顶面要比墙或柱每边宽出 100 mm，每个台阶挑出的宽度不应大于 200 mm，高度不宜小于 400 mm，以确保符合高宽比不大于 1：1.5 或 1：1.25 刚性角的要求。当基础底面宽度小于 700 mm 时，毛石基础应做成矩形截面。

（3）混凝土：混凝土基础具有坚固耐久、可塑性强、耐腐蚀、耐水、刚性角较大等特点，可用于地下水位高和有冰冻作用的地方。混凝土基础断面可以做成矩形、梯形和台阶形。为方便施工，当基础宽度小于 350 mm 时，多做成矩形；大于 350 mm 时，多做成台阶形；当底面宽度大于 2 000 mm 时，为节省混凝土，减轻基础自重，可做成梯形。混凝土基础的刚性角为 45°，台阶形断面台阶宽高比应小于 1∶1 或 1∶1.5，而梯形断面的斜面与水平面的夹角应大于 45°。

2. 柔性基础的材料和特点　柔性基础的材料即钢筋混凝土。利用基础底部的钢筋来承受拉力，可节省大量的土方工作量和混凝土材料用量，对工期和节约造价都十分有利。基础中受力钢筋的直径不宜小于 8 mm，数量通过计算确定，混凝土的强度等级不宜低于 C20。施工时在基础和地基之间设置强度等级不低于 C10 的混凝土垫层，其厚度宜为 60~100 cm。钢筋距离基础底部的保护层厚度不宜小于 35 mm。

（二）墙体材料

1. 烧结砖　砖按孔洞率分为无孔洞或孔洞率小于 15% 的实心砖（普砖）；孔洞率等于或大于 15%，孔的尺寸小而数量多的多孔砖；孔洞率等于或大于 15%，孔的尺寸大而数量少的空心砖等。砖按制造工艺分有经焙烧而成的烧结砖；经蒸汽（常压或高压）养护而成的蒸养（压）砖；以自然养护而成的免烧砖等。

凡经焙烧而制成的砖称为烧结砖。烧结砖根据其孔洞率大小分别有烧结普通砖、烧结多孔砖和烧结空心砖等三种。

（1）烧结普通砖：黏土、页岩、煤矸石、粉煤灰等原料的化学组成相近，都可用作烧结普通砖的主要原料。因此，烧结普通砖有黏土砖、页岩砖、煤矸石砖、粉煤灰砖等多种，目前一些地区已禁止采用黏土砖。烧结普通砖的长度为 240 mm，宽度为 115 mm，厚度为 53 mm，烧结砖是以上述原料为主，并加入少量添加料，经配料、混匀、制坯、干燥、预热、焙烧而成。

烧结普通砖根据 10 块砖样的抗压强度平均值和强度标准值，分为 MU30、MU25、MU20、MU15、MU10 和 MU7.5，共 6 个强度等级。烧结普通砖有一定的强度、较好的耐久性，可用于砌筑承重或非承重的内外墙、柱、拱、沟道和基础等。

（2）烧结多孔砖：烧结多孔砖是以黏土、页岩、煤矸石等为主要原料，经焙烧而成。烧结多孔砖为大面有孔的直角六面体，孔多而小孔洞垂直于受压面。砖的主要规格为 190 mm×190 mm×90 mm，240 mm×115 mm×90 mm。

烧结多孔砖孔洞率在 15% 以上，表观密度约为 1 400 kg/m³，虽然多孔砖具有一定的孔洞率，使砖受压时有效受压面积减小，但因制坯时受较大的压力，使砖孔壁致密程度提高，且对原材料要求也较高，这就补偿了因有效面积减少而造成的强度损失。故烧结多孔砖的强度仍较高，常被用于砌筑 6 层以下的承重墙。

（3）烧结空心砖：烧结空心砖是以黏土、页岩、煤矸石等为主要原料，经焙烧而成。烧结空心砖为顶面有孔洞的直角六面体，孔大而少，孔洞为矩形条孔或其他孔形，平行于大面和条面，在与砂浆的接合面上应设有增加结合力的深度 1 mm 以上的凹线槽。

烧结空心砖孔洞率一般在 35% 以上，表观密度 800～1 100 kg/m³，自重较轻，强度不高，因而多用作非承重墙，如多层建筑内隔墙或框架结构的填充墙等。多孔砖、空心砖可节省资源，且砖的自重轻、热工性能好，使用多孔砖尤其是空心砖和空心砌块，既可提高建筑施工效率，降低造价，还可减轻墙体自重，改善墙体的热工性能等。

2. 蒸养（压）砖　蒸养（压）砖是以石灰和含硅材料（沙子、粉煤灰、煤矸石、炉渣和页岩等）加水拌和，经压制成型、蒸汽养护或蒸压养护而成。我国目前使用的主要有灰沙砖、粉煤灰砖、炉渣砖等。

（1）灰沙砖（又称蒸压灰沙砖）：灰沙砖是由磨细生石灰或消灰粉、天然沙和水按一定配比，经搅拌混合、沉积、加压成型，再经蒸压（一般温度为 175～203 ℃、压力为 0.8～1.6 MPa 的饱和蒸汽）养护而成。实心灰沙砖的规格尺寸与烧结普通砖相同，其表观密度为 1 800～1 900 kg/m³，导热系数约为 0.61W/（m²·K）。按砖浸水 24 h 后的抗压强度和抗折强度分为 MU25、MU20、MU15、MU10 四个等级，每个强度等级有相应的抗冻指标。

（2）粉煤灰砖：粉煤灰砖是以粉煤灰、石灰为主要原料，添加适量石膏和骨料经坯料制备、压制成型、常压或高压蒸汽养护而成的实心砖。

粉煤灰具有火山灰性，在水热环境中，在石灰的碱性激发和石膏的硫酸盐激发共同作用下，形成水化硅酸钙、水化硫铝酸钙等多种水化产物，而获得一定的强度。

粉煤灰砖可用于工业与民用建筑的墙体和基础，但用于基础或易受冻融和干湿交替作用的建筑部位必须使用一等砖与优等砖。粉煤灰砖不得用于长期受热（200 ℃以上），受急冷、急热和有酸性介质侵蚀的建筑部位。用粉煤灰砖砌筑的建筑物，应适当增设圈梁及伸缩缝，或采取其他措施，以避免或减少收缩裂缝的产生。砌筑前，粉煤灰砖要提前浇水湿润，如自然含水率大于 10% 时，可以干砖砌筑。砌筑砂浆可用掺加适量粉煤灰的混合砂浆，以利黏结。

（3）炉渣砖：炉渣砖又名煤渣砖，是以煤燃烧后的炉渣为主要原料，加入适量石灰、石膏（或电石渣、粉煤灰）和水搅拌均匀，并经沉积、轮碾、成型、蒸汽养护而成。

炉渣砖呈黑灰色，表观密度一般为 1 500~1 800 kg/m³，吸水率 6%~18%。炉渣砖按抗压强度和抗折强度分为 MU20、MU15、MU10 三个强度等级。

炉渣砖可用于一般工程的内墙和非承重外墙。其他使用要点与灰沙砖、粉煤灰砖相似。

3. 砌块　砌块是用于砌筑的人造块材，外形多为直角六面体，也有各种异形的。砌块系列中主规格的长度、宽度或高度有一项或一项以上分别超过 365 mm、240 mm 或 115 mm，但砌块高度一般不大于长度或宽度的 6 倍，长度不超过高度的 3 倍。系列中主规格的高度大于 115 mm 而又小于 380 mm 的砌块，简称为小砌块；系列中主规格的高度为 380~980 mm 的砌块，称为中砌块；系列中主规格的高度大于 980 mm 的砌块，称为大砌块。以中小型砌块使用较多。砌块按其空心率大小分为空心砌块和实心砌块 2 种。空心率小于 25% 或无孔洞的砌块为实心砌块。空心率等于或大于 25% 的砌块为空心砌块。砌块通常又可按其所用主要原料及生产工艺命名，如水泥混凝土砌块、粉煤灰硅酸盐砌块、混凝土砌块、多孔混凝土砌块、石膏砌块、烧结砌块等。制作砌块能充分利用地方材料和工业废料，且制作工艺不复杂。砌块尺寸比砖大，施工方便，能有效提高劳动生产率，还可改善墙体功能。

（1）混凝土小型空心砌块：混凝土小型空心砌块是由水泥、粗细骨料加水搅拌，经装模、振动（或加压振动或冲压）成型，并经养护而成；其粗、细骨料可用普通碎石或卵石、沙子，也可用轻骨料（如陶粒、煤渣、煤矸石、火山渣、浮石等）及轻沙。混凝土小型空心砌块可用于低层和中层建筑的内墙和外墙。使用砌块作为墙体材料时，应严格遵照有关部门所颁布的设计规范与施工规程。这种砌块在砌筑时一般不宜浇水，但在气候特别干燥炎热时，可在砌筑前稍喷水湿润。砌筑时尽量采用主规格砌块，并应先清除砌块表面污物和芯柱所用砌块孔洞的底部毛边。采用反砌（即砌块底面朝上），砌块之间应对孔错缝搭接。砌筑灰缝宽度应控制在 8~12 mm，所埋设的拉结钢筋或网片，必须放置在砂浆层中。承重墙不得用砌块和砖混合砌筑。

（2）粉煤灰硅酸盐中型砌块：粉煤灰硅酸盐中型砌块简称粉煤灰砌块。粉煤灰砌块是以粉煤灰、石灰、石粉和骨料等为原料，经加水搅拌、振动成型、蒸汽养护而制成的密实砌块。通常采用炉渣作为砌块的骨料。粉煤灰砌块原材料组成间的互相作用及蒸养后所形成的主要水化产物等与粉煤灰蒸养砖相似。

粉煤灰砌块可用于一般工业和民用建筑的墙体和基础。但不宜用于有酸性介质侵蚀的建筑部位，也不宜用于经常处于高温影响下的建筑物，如铸铁和炼钢车间、锅炉房等的承重结构部位。砌块在砌筑前应清除表面的污物及黏土。常温施工时，砌块应提前浇水湿润，湿润程度以砌块表面呈水印为准。冬季施工砌块不得浇水湿润。砌筑时砌块应错缝搭砌,搭砌长度不得小于块高的1/3,也不应小于 15 cm。砌体的水平灰缝和垂直灰缝宽度一般为 15~20 mm（不包括灌浆槽）,当垂直灰缝宽度大于 30 mm 时,应用 C20 细石混凝土灌实。粉煤灰砌块的墙体内外表面宜做粉刷或其他饰面,以改善隔热、隔声性能,并防止外墙渗漏,提高耐久性。

（3）蒸压加气混凝土砌块:蒸压加气混凝土砌块是以钙质材料和硅质材料以及加气剂、少量调节剂,经配料、搅拌、浇注成型、切割和蒸压养护而成的多孔轻质块体材料。原料中的钙质材料和硅质材料可分别采用石灰、水泥、矿渣、粉煤灰、沙等。根据所采用的主要原料不同,加气混凝土砌块也相应有水泥-矿渣-沙,水泥-石灰-沙,水泥-石灰-粉煤灰三种。加气混凝土砌块可用于一般建筑物的墙体,可作为多层建筑的承重墙和非承重外墙及内隔墙,也可用于屋面保温。

4. 预应力混凝土空心墙板　预应力混凝土空心墙板简称预应力空心墙板,是以高强度低松弛预应力钢绞线、水泥及沙、石为原料,经张拉、搅拌、挤压、养护、放张、切割而成。使用时按要求可配以泡沫聚苯乙烯保温层、外饰面层和防水层等。其外饰面层可做成彩色水刷石、剁斧石、喷沙、釉面砖等多种式样。预应力空心墙板可用于承重或非承重外墙板、内墙板、楼板、屋面板、雨罩和阳台板等。

5. 轻型复合板　轻型复合板除上述的钢丝网水泥夹心板外,还有用各种高强度轻质薄板为外层、轻质绝热材料为芯材而组成的复合板。外层板材可用彩色镀锌钢板、铝合金板、不锈钢板、高压水泥板、木质装饰板、塑料装饰板及其他无机材料、有机材料合成的板材。轻质绝热芯材可用阻燃型发泡聚苯乙烯、发泡聚氨酯、岩棉和玻璃棉等。这类板的共同特点是质轻、隔热、隔声性能好,且板外形多变、色彩丰富。

（三）屋顶材料

随着现代畜牧业的发展,畜牧建筑的内部环境调控要求也在不断提高,而屋面是建筑物重要的围护结构,目前我国用于猪舍建筑屋面的材料有各种材质的瓦和复合板材。

1. 黏土瓦　黏土瓦是以黏土为主要原料,加适量水搅拌均匀后,经模压成型或挤出成型,再经干燥、焙烧而成。制瓦的黏土应杂质含量少、塑性好。黏土瓦按颜色分有红瓦和青瓦,按用途分有平瓦和脊瓦,平瓦用于屋面,脊瓦用于屋脊。

2. 混凝土瓦　混凝土平瓦的标准尺寸有 400 mm×240 mm 和 385 mm×235 mm 两种。单片瓦的抗折力不得低于 600 N,抗渗性、抗冻性应符合要求。混凝土平瓦耐久性好、成本低,但自重大于黏土瓦。在配料中加入耐碱颜料,可制成彩色瓦。

3. 石棉水泥瓦 石棉水泥瓦是用水泥和温石棉为原料，经加水搅拌、压滤成型、养护而成。石棉水泥瓦分大波瓦、中波瓦、小波瓦和脊瓦。石棉水泥瓦单张面积大，有效利用面积大，还具有防火、防腐、耐热、耐寒、质轻等特性，适用于简易工棚、仓库及临时设施等建筑物的屋面，也可用于装敷墙壁。但石棉纤维对人体健康有害，现正采用耐碱玻璃纤维和有机纤维生产水泥波瓦。

4. 彩色压型钢板 彩色压型钢板是指以彩色涂层钢板或镀锌钢板为原材，经辊压冷弯成型的建筑用围护板材。彩色涂层钢板各项指标应符合 GB/T12754 的规定，建筑用彩色涂层钢板的厚度包括基板和涂层两部分，压型钢板的常用板厚为 0.5~1.0 mm，屋面一般为瓦楞形，常见的规格为 750 型、820 型。

5. 轻型复合板 见墙体材料一节。

6. 聚氯乙烯波纹瓦 聚氯乙烯波纹瓦又称塑料瓦楞板，它是以聚氯乙烯树脂为主体，加入其他配合剂，经塑化、压延、压滤而制成的波形瓦，其规格尺寸为 2 100 mm×（1 100~1 300）mm×（1.5~2）mm，这种瓦质轻、防水、耐腐、透光、有色泽，常用作车棚、凉棚、果棚等简易建筑的屋面，另外也可用作遮阳板。

7. 玻璃钢波形瓦 玻璃钢波形瓦是用不饱和聚酯树脂和玻璃纤维为原料制成的，其尺寸为长 1 800~3 000 mm、宽 700~800 mm、厚 0.5~1.5 mm。这种波形瓦质轻、强度大、耐冲击、耐高温、透光、有色泽，适用于建筑遮阳板及凉棚等的屋面。

8. 沥青瓦 沥青瓦是以玻璃纤维薄毡为胎料，以改性沥青为涂敷材料而制成的一种片状屋面材料。其特点是质量轻，可减少屋面自重，施工方便，具有互相黏结的功能，有很好的抗风能力。制作沥青瓦时，表面可撒以各种不同色彩的矿物粒料，形成彩色沥青瓦，可起到对建筑物装饰美化的作用。

可用于屋面的板材还有多种，也可根据当地常用建筑材料满足正常使用。

第五章　猪场的养殖设备与辅助设备

　　根据猪场性质和生产流程要求确定工艺流程方案，在工艺流程方案基础上，确定所要采用的设施。工艺设施和设备确定应遵循以下原则：满足种猪选育培育、商品猪生产的技术要求，有利于减少猪只的应激反应，降低发病率；便于清洗消毒，安全卫生，有利于猪场的防疫卫生要求，有利于粪污减量化、无害化处理和环境保护，有利于舍内环境的控制，便于观察和处置猪群；力求经济实用，有利于提高劳动生产率。

　　根据全年出栏计划总头数配置，确定猪群合理的繁殖节律，做到全进全出，提高劳动生产率和猪群占栏利用率。按照相应的生产工艺流程，配置相应的生产设备。

一、养殖设备

（一）妊娠母猪养殖设备

　　1. 定位栏　定位栏是传统妊娠母猪养殖设备，通常采用热浸锌钢管或不锈钢制作，达到防腐耐用的效果（图 5-1）。目前定位栏的主要规格有 2.2 m×0.65 m、2.4 m×0.65 m 等。定位栏的特点是占地面积小，节省建筑面积，降低建设成本。限位饲养防止妊娠母猪因争食打架而引起不必要的流产。

　　2. 电子饲喂站　电子饲喂站又称智能化母猪群养管理系统，该系统以母猪动物行为学为基础而研发，充分照顾到了动物福利（图 5-2）。电子饲喂站能通过电子耳标识别每一头猪，确定投放何种饲料及最佳饲料投放量。母猪进入饲喂站采食，与其他母猪相互隔离，可以在不受干扰的情况下安静进食。饲喂站可以 24 h 全天候投料，并将母猪进食情况及时、如实反馈给猪场技术和管理人员。该设备在大型群养下，保证每头母猪吃到精准的饲料以获得更长的生产年限，减少母猪难产，以获得更多更健康的仔猪。

　　3. 自动料线　自动上料系统可以自动将料塔中饲料输送到猪只采食料槽中，输料是按照时间控制，每天可以设置多个时间段供料，到设定开启时间三相交流电动机接通电源，带动刮板链条，开始输料。到设定关闭时间，在输料期间传感器检测到饲料加满，切断三相交流电源，停止输料。控制箱采用成熟

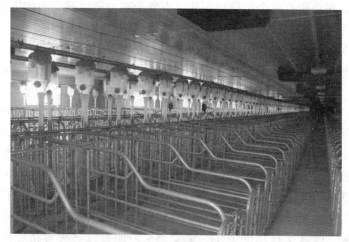

图 5-1　定位栏

图 5-2　装有电子饲喂的猪舍

的微电脑时控开关，每天最多可以设置 8 个时间段。每次输料时间根据猪场料线的长度、猪只数量、猪只采食量而定。

自动上料系统的优点：

（1）饲养 300~500 头妊娠母猪只需 1 名饲养员。

（2）节省劳动工资 50%以上，300 头母猪饲喂时间只用 1 min。

（3）减小劳动强度 90%以上。

（4）电子时钟控制技术，每天可自动饲喂 6 次以上。

（5）250~3 000 mL 可调试透明定量杯，有效地控制了怀孕母猪的膘情。

（6）定量杯带有单个母猪加药孔，方便个别母猪保健和治疗用药。

（7）定量杯带有记录夹子，方便母猪资料的管理和使用。

（8）封闭式下料设计，有效减少老鼠、苍蝇等偷吃和污染饲料。

4. 环控设备　妊娠母猪舍环控设备采用风机、湿帘进行通风和降温。

（二）分娩栏

分娩栏用于母猪分娩、采食、仔猪活动及保暖，并限制母猪的大范围活动，以降低母猪压死仔猪的情况发生。分娩栏分高床和地面两种形式，适合于大、中、小型规模的养猪场（图5-3）。床底采用铸铁加塑料或全塑料，边框采用优质热镀锌钢管焊接而成。母猪位底部全部采用球墨铸铁框架，承重更好，耐腐蚀耐酸碱性更强。仔猪位底部采用塑料漏缝地板。因分娩栏高出地面或架于粪沟之上所以具有以下特点，母猪产仔期间卫生条件优良，所排污物沿漏缝板渗漏，保证了仔猪的卫生，免受感染。能有效避免母猪压伤、挤伤仔猪，并且仔猪比地面饲养增重快。杜绝了积水积尿积粪现象，让母猪远离肮脏潮湿的生活环境。

分娩栏常规尺寸有2.2 m×1.8 m、2.4 m×1.8 m。栏位除母猪位外，还设计有仔猪哺乳区和仔猪保温休息区。栏位配有母猪食槽、饮水器，仔猪补饲槽、饮水器、保温板及红外线保温灯，有些还配有仔猪保温箱。

图5-3　分娩栏

（三）仔猪保育栏

仔猪保育栏主要用于断奶仔猪的保育，配有自动饮水器，仔猪自由采食（图5-4）。保育栏一般采用金属栏杆、PVC隔板、塑料漏缝地板组合，与分娩舍类似，多采用高床和地面两种，架设在粪沟或地面上，隔离粪尿污染。

图 5-4　仔猪保育栏

（四）发情监测器

　　发情监测器能够判断母猪发情时间，可以把握最佳配种时机，从而提高配种成功率和母猪繁殖率（图 5-5）。母猪通过"嗅洞"探访公猪，其行为被全天候监测，从而可以准确鉴定是否发情。监测器识别发情母猪后，会即时在用户电脑操作界面上显示发情母猪信息以通知配种员，还可以直接在发情母猪头部喷墨做标记，并通过分离器将发情母猪从大群中分离出来。

图 5-5　发情监测器

二、辅助设备

(一) 料线

1. 自动喂料系统　一般情况下安装在存栏密度大、耗料量大、劳动强度大的生产车间。可充分提高劳动生产效率，减少生产操作工人数量。目前自动上料系统在三相交流电动机的带动下，刮板式链条通过管道，将饲料从料罐挂到猪舍。料线管道从猪只采食的食槽上面经过，在每一个食槽位置，留有一个三通下料口。饲料在链条的带动下，自动流入食槽中。本系统可以应用到育肥猪舍、定位栏、母猪精确饲喂、种猪测定设备。

2. 降温系统　当自然通风不能降低舍内温度时，必须采用机械通风。机械通风设备按照高温季节猪舍通风方式和原理计算出通风量，再按通风量选配国内外已定型生产的风机，确定风机个数。在通风的同时，配备湿帘、冷水喷淋装置，实现舍内降温。

3. 采暖　在我国大部分地区的冬季气温达不到仔猪所要求的适宜温度，对于仔猪、哺乳猪和培育猪，在冬季都要考虑采暖的需要。常用采暖方式有以下几种。

(1) 局部采暖：哺乳仔猪要求的适宜环境温度为 $22 \sim 32 \, ℃$，可在产仔哺乳区为仔猪专门设置一个可调温的局部采暖区。在采暖区可设置地板加热装置、红外线保温灯和仔猪保温箱。

1) 地板加热装置：若产床下地板为半漏粪形式，可在实心地板下预先埋设热水管道或电阻线，或在仔猪保温区设保温板。每窝仔猪的加热面积应为 $0.5 \, m^2$。这种混凝土加热地板也可用于保育舍和育肥舍，此时加热面积应根据猪只的体重来确定，平均每头猪 $0.1 \sim 0.3 \, m^2$。

2) 红外线保温灯：将红外线灯吊挂在分娩栏仔猪休息位，利用灯泡散发的红外线形成局部采暖。一般一个分娩栏配置一个 $250 \, W$ 的红外线灯，可通过改变吊挂高度的办法来调节采暖区的温度。

3) 仔猪保温箱：木制或玻璃钢箱体，箱体底部采用暖气管道或电加热保温板。在箱体顶部设置保温灯，箱的顶板上装有可控装置，用来调节不同日龄哺乳仔猪所需的温度。

(2) 全舍采暖：利用热水或热空气为热媒，对整个猪舍全面供暖，多用于封闭式猪舍或有窗式猪舍。

1) 热水采暖系统：通常使用锅炉把水加热，通过舍内散热器进行全面供暖。其优点是热惰性大，舍内温度波动小；缺点是设备投资和运行费用高。

2) 热风采暖系统：可采用暖风机和热风采暖系统。

①暖风机：将风机和空气加热器设计为一体，由风机将舍内空气抽入暖风

机，流经空气加热器后再送回舍内，强迫空气对流进行热交换。采用这种设备，舍内温度分布均匀，但耗电量大，运行费用高。

②热风采暖系统：由空气加热器、热风管道、通风机和空气过滤器等组成。空气加热器有热水式、蒸汽式、燃油式、燃煤气式和电热式等。舍外新鲜空气经过过滤、加热后，通过热风管送进舍内，由管道上下均匀排列的洞口喷出，与舍内空气混合，达到提高舍温的效果。采用此种采暖系统，舍内温度比较均匀，还可以做到温度和湿度的自动控制和调节，但是运行费用也很高。

第六章 猪的营养需要与饲料加工技术

一、猪的营养需要

为了维持猪只的健康，保证猪只正常的生长发育，并能最大限度地发挥饲料的利用率，生产更多的肉产品，必须合理地根据猪只的生理需要提供各种营养物质，如蛋白质、碳水化合物、矿物质、维生素和水等，以满足猪只在不同的环境条件下对营养的需求。营养物质以饲料的形式为猪只提供，被猪只利用。合理利用饲料中的营养成分，有助于提高饲料中各种营养物质的有效利用率，从而提高猪只的生产性能及经济效益。

(一) 猪的基本营养需要

1. 能量 猪为了维持生命和生产活动均需要一定的能量。饲料中的能量物质包括糖类、脂肪和蛋白质等。

总能指饲料完全氧化成二氧化碳和水所释放出的能量，即燃烧热能。1 g 碳水化合物分解平均可产生 17. 15 kJ 的能量，1 g 脂肪平均可释放 39. 75 kJ 的能量，而 1 g 蛋白质平均可释放 23. 85 kJ 的能量。

根据饲料进入畜体内能量的变化规律，通常把饲料能量分为总能、消化能、净能和代谢能等。猪一般采用的都是消化能和代谢能。

2. 蛋白质 蛋白质不仅是猪体内组织、器官等的主要组成成分，而且在猪只维持猪体生命过程中也以酶、激素等形式广泛参与到各种生理功能和代谢过程中。

蛋白质是生命的基础，猪的一切组织器官如肌肉、神经、血液、被毛甚至骨骼，都以蛋白质为主要组成成分，蛋白质还是某些激素和全部酶的主要组成成分。猪生产过程中和体组织修补与更新需要的蛋白质全部来自饲料。蛋白质缺乏时，会出现猪体重下降，生长受阻，母猪发情异常，不易受胎，胎儿发育不良，还会产生弱胎、死胎，公猪精液品质下降等现象；但蛋白质过量，不仅浪费饲料，还会引起猪消化功能紊乱，甚至中毒。在猪饲料蛋白质供给上应注意必需氨基酸和蛋氨酸等限制性氨基酸的供给量。饲粮中必需氨基酸不足时，可通过添加人工合成的氨基酸使氨基酸平衡，提高日粮的营养价值。

　　猪体内对各种物质的消化、吸收、转运等都需要各种酶和载体来完成，这些酶和载体都是特殊功能的蛋白质，如果猪只体内缺乏这种酶，机体的生理功能就会发生紊乱，甚至导致死亡。蛋白质既是猪体内的更新组织所需要的原料，也是维持猪体正常生命活动的重要物质。

　　3. 矿物质　矿物质是猪体内组织的重要组成部分，在体内骨骼、内脏器官中含量都较高。在动物体内广泛存在，它们参与体内各种复杂的生命代谢活动，对于维持机体正常的组织、细胞的渗透压等具有重要的作用。在猪缺乏矿物质时，可以引起特异的生理功能障碍和组织结构的代谢异常。

　　4. 维生素　维生素是维持畜禽正常的生理功能和生命活动所必需的有机化合物。它不是组成各种组织器官的原料，但确实是组织机构生理功能正常运转所不可或缺的物质。它主要是以辅酶和催化剂等形式广泛参与体内代谢的各种生理生化活动。维生素的供给不足，会产生严重的缺乏症，给生产带来严重的经济损失。

　　猪可通过饲料及消化道微生物等合成满足其对维生素的需求。饲料是猪只获得维生素的主要途径，尤其对于高产的猪只和处于应激环境下的猪只，提供必要量的维生素可缓解症状。

　　5. 水　水是重要的营养成分。相比其他的营养成分，水的来源充足，也是在实践中比较容易忽略的。缺水比缺少其他的任何养分对猪只的影响都大，危害更大。水是理想的溶剂，体内各种养分的吸收和转运等都有水的参与，水是化学反应的介质，体内的各种生命活动均有水的参与。水的导热性能比较好，能够通过蒸发散热，很好地调节体温，可以减少关节器官的组织摩擦，起到润滑的作用。

　　（二）各阶段猪的营养需要

　　1. 育肥猪的营养需要　商品育肥猪生长到 60 kg 或 70 kg 以后要逐渐进入育肥期。育肥猪的营养及大体出栏体重不能一概而论，需根据育肥目的而论。第一，建议在增重高峰过后及时出栏，一般建议在 90～120 kg 时出栏。第二，针对不同市场（城镇、农村）需要灵活确定出栏体重。第三，最好以经济效益为核心确定出栏体重。出栏体重越低，单位增重耗料量越低，饲养成本就越低，但其他成本的分摊费用就越高，且售价等级就越低，很不经济。出栏体重越高，单位产品非饲养成本分摊费用越少。此阶段的生长速度主要体现在脂肪的沉积，但饲料的转化率有所下降，饲养成本相对来说偏高。

　　此阶段必须从市场经济效益考虑，如果追求生长速度，则推荐日粮营养标准为：消化能 3 300～3 400 kcal/kg（kcal 为非法定计量单位，1 kcal = 4.186 kJ），粗蛋白质 14%～15%，食盐 0.4%～0.8%，钙 0.45%～0.6%，有效磷 0.20%，赖氨酸 0.6%；如果追求的是瘦肉率，则推荐日粮营养标准为：消化能 3 100~3 200 kcal/kg，粗蛋白质 16%~17%，食盐 0.5%~0.8%，钙 0.45%~0.6%，有效磷 0.2%，赖氨酸 0.9%。

2. 后备母猪的营养需要　尽管有必要某种程度地限制后备母猪的生长（脂肪沉积），但重要的是通过营养方案使后备母猪发育至初次配种期间时瘦肉达到最佳水平。许多现代瘦肉型品种在 210~230 日龄初次配种（第二个情期）时体重应达到 125~135 kg，这就意味着从出生至配种的日增重应达到 600 g/d（从断奶至配种的日增重应达到 635~650 g/d）；同时为确保繁殖寿命，母猪整个生产阶段体内贮备也是必需的。初次配种时母猪的理想背膘厚随不同品种而定，大多数高瘦肉率品种在最后一根肋骨处的背膘厚为 16~18 mm，即使瘦肉率非常高的品种也至少应为 14 mm。但是背膘厚不要超过 20~22 mm，这同样适用于母猪的整个繁殖周期。

饲养后备母猪（或公猪）一个很大的错误是钙与有效磷的含量太低。美国 NRC（国家研究委员会）给出的矿物质水平只是考虑生长速度与饲料转化率，而没有考虑最大的骨骼强度。生长后备种猪钙和有效磷的需要量至少比商品猪高出 0.1%，实际上，比 50~60 kg 及以上种猪甚至高出 0.15%~0.20%，例如，NRC 给出的 50~80 kg 的商品猪钙和有效磷标准分别为 0.50% 和 0.19%，而后备母猪的标准分别为 0.63% 和 0.35%，以上标准基于自由采食，因此如是限制饲喂则标准应相应提高。如为提高种猪骨骼强度则对有效磷的需要量将会更高，如果这些较高水平的钙和有效磷得不到满足，将引起瘫痪母猪数量的增加。

生长后备母猪日营养需要量见表 6-1，能量水平基于 15~25 ℃ 的适宜温度条件下。当温度低时能量摄入应增加，而其他营养素保持适当水平，也就是说，随着饲料摄入量的增加，日粮粗蛋白、微量元素等的百分比应相应降低；当温度提高时饲料摄入降低，为保持氨基酸与微量元素的摄入，必须相应提高它们在日粮中的百分比。从 100~105 kg 至催情补饲，氨基酸、微量元素等的摄入应与 85~105 kg 阶段保持同一水平，但需降低能量水平以防止母猪长得太肥，这同时有助于提高催情补饲的效果。

表 6-1　生长后备母猪营养推荐标准

体重（kg）	20~35	35~60	60~85	85~105	105 至催情补饲
预计消化能摄入[a]（kcal/d）	5 090	6 940	8 480	10 025	9 130
计算的每日摄入量（g）					
总赖氨酸	15.0	18.3	20.0	19.1	19.1
可消化赖氨酸	12.3	14.8	16.0	15.0	15.3

续表

体重（kg）	20~35	35~60	60~85	85~105	105 至催情补饲
蛋氨酸	4.0	4.9	5.4	5.1	5.1
蛋氨酸+胱氨酸	8.2	10.1	12.0	11.4	11.4
苏氨酸	9.7	11.9	13.5	12.9	12.9
色氨酸	2.8	3.5	4.0	3.8	3.8
钙	12.7	16.3	18.7	20.5	20.5
有效磷	7.3	9.1	10.0	10.6	10.6

注：[a] 日粮近似消化能水平（kcal/kg）随麸皮含量而变化：5%≈3 200，10%≈3 150，15%≈3 100，20%≈3 050。

催情补饲：配种前11~14 d采用自由采食提高后备母猪饲料摄入量，可提高限制饲喂后备母猪的产仔数，提高的饲料摄入量对消化道产生作用，和后备母猪增加其卵巢分泌卵子的数量有关。但在配种后饲料摄入量应减到正常水平，妊娠早期的超量饲喂可导致胚胎死亡率提高，降低产仔数。

3. 后备公猪与成年公猪营养需要　后备公猪在100~105 kg体重前一般自由采食，由于瘦肉生长较快，因此公猪比后备母猪需要更高的赖氨酸需要量，后备公猪营养需要量见表6-2。

表6-2　后备公猪营养需要量

体重（kg）	20~35	35~60	60~85	85~105
预计消化能摄入（kcal/d）	5 090	6 940	8 480	10 025
计算的每日摄入量（g）				
总赖氨酸	16.7	20.5	22.5	22.1
可消化赖氨酸	13.6	16.8	18.3	17.7
蛋氨酸	4.5	5.5	6.1	6.0
蛋氨酸+胱氨酸	9.2	11.3	13.5	13.3
苏氨酸	10.8	13.3	15.2	14.9
色氨酸	3.2	3.9	4.5	4.4
钙	13.6	17.4	20.0	22.1
有效磷	8.0	10.1	11.3	12.1

对生长后备母猪而言，氨基酸和微量元素含量应随采食量变化而调整，温度低时调低，温度高时调高，以确保营养素的合理摄入。

当公猪体重达到 100 kg 时，每日必须提供 7 800 kcal 的消化能（2.5 kg 含15%麸皮的日粮）。公猪 1~2 岁时，建议的饲喂量应使其增重为每日 180~250 g（每年 65~90 kg），因此，公猪料应不同于妊娠母猪料。目标是限制能量摄入而降低生长速度，但必须维持高含量的氨基酸、维生素与微量元素的摄入，以保证受精率与性欲，定期给公猪称重以决定特定条件下合理的饲养方案。

由于 2 岁以上公猪接近成熟体形，它们的饲喂应保证较低的生长速度。与母猪一样，日常的饲喂量也应根据公猪的身体状况或猪舍温度而调整，表 6-3 给出了 100~340 kg 体重常温下营养素的推荐标准，如温度发生变化，则能量摄入以及其他营养素也应进行相应调整。

表 6-3　不同体重公猪营养需要量

体重（kg）	<160	160	205	250	295	340
消化能摄入（kcal/d）	7 500	8 250	9 000	9 900	10 800	11 700
计算的每日摄入量（g）						
总赖氨酸	17.3	18.8	20.3	22.5	24.8	26.3
可消化赖氨酸	14.3	15.5	16.7	18.6	20.5	21.7
蛋氨酸	4.6	5.0	5.4	6.0	6.6	7.0
蛋氨酸+胱氨酸	12.2	13.3	14.3	15.9	17.5	18.6
苏氨酸	14.3	15.5	16.7	18.6	20.5	21.7
色氨酸	3.5	3.8	4.1	4.5	5.0	5.3
钙	19.5	21.2	23.0	25.5	28.0	29.8
有效磷	9.2	10.0	10.8	12.0	13.2	14.0
亚油酸（%）	1.9	1.9	1.9	1.9	1.9	1.9

4. 妊娠母猪营养需要　妊娠母猪不应采用自由采食，否则会因长得太肥而减少产仔数，还会出现哺乳期采食量下降与过多的体重损失和其他的一系列问题。但必须注意两点：①妊娠期间以及整个生产阶段母猪都应该增重；②母猪必须有最低量的体内贮存（背部脂肪），否则不能发情配种。这样的话，如果母猪哺乳期体重损失过多，那么在下一个妊娠期营养需要就要增加。在下面要讲到妊娠期母猪的营养需要取决于哺乳期生产性能的表现情况。

母猪繁殖周期体增重推荐情况见表 6-4，当 10%以上母猪体重不递增时，猪群可能有繁殖问题。母猪体增重的情况将取决于其体形，孕体增重（胎衣、羊水与胚胎）与胚胎数量有关，孕体增重约为 2.3 kg/胎儿。

表6-4　高产母猪理想体增重推荐情况

配种体重（kg）	胎次	总产仔数	母体增重（kg）	孕体增重（kg）	总增重（kg）
125	1	10	35	23	53
150	2	11	35	25	50
175	3	12	25	27	47
190	4	12	20	27	42
200	5	12	15	27	42
210	6	11	13	25	35
218	7	10	11	23	28

除体增重或体损失外，体脂贮存、背膘和体组织（肌肉）增重也非常重要。目标是配种时背膘厚为 16~18 mm（最小 14 mm），分娩时背膘厚为 18~20 mm（最大 22 mm）。背膘厚探针可正确测出母猪身体脂肪的含量，但是最新研究指出，现代高瘦肉型母猪肌体蛋白的数量比体内脂肪水平更能影响母猪繁殖性能，过量肌体蛋白的损失将延长母猪断奶至配种的时间，如果肌体蛋白损失过多，会导致母猪不能发情配种。

很多养猪生产者不给母猪称重，也不测背部脂肪的增加或损失。另外，建立一套评估母猪体况的方法也很花时间，因此，在多数情况下还是依据主观的评分。但是一旦建立了一套方法并用于日常操作，则能通过改善繁殖性能与饲料节省而削减生产费用，如超声波设备能检测脂肪存积或损失及猪只肌肉面积的情况。

大多数生产者采用体况评分来评估母猪的体况（图6-1），能准确评分者可以用分值来评估背膘厚度和肌肉生长情况。母猪分娩前较好的体况评分应为3，评分1或2的也较容易判断。如果在感觉肋骨或 H 骨时（图6-2）用超过3 s 的时间，则它的体况评分很可能为 4 或 5。

如果评分与配种、妊娠测定、免疫等相结合，则可以节省一些时间，评分的最佳时间为配种时、妊娠50 d、90 d 和断奶日。评分结果应记录在母猪信息卡上并用于确定饲料需要量。一旦群体中的母猪体况稳定在理想的水平或饲养管理方案证实是满意的话，那么一个体况评分监控方案就足够了。在一个体况监控方案中实际只需要评估 15%~20% 的母猪，但必须注意识别那些评分在2.5 以下的母猪。这些母猪需要额外的饲料，如果其比例开始增加，则需重新评估猪场的饲料管理方案。

5. 哺乳母猪营养需要　过去几年母猪产仔数有了明显的增加，几乎是过去30年的两倍。母猪产奶量与哺乳仔猪数有关，另外，当产仔数增加时母猪

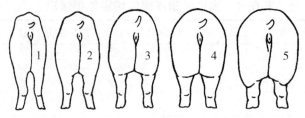

评分	状况	肋骨、H骨与背骨测定
1	消瘦	明显
2	偏瘦	通过触摸很易测定
3	理想	用手掌按压能感觉到
4	肥	感觉不到
5	过肥	感觉不到

图 6-1　母猪体况评分

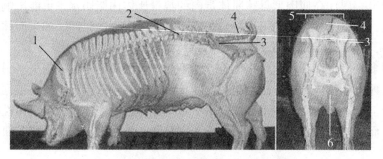

图 6-2　母猪肋骨、背骨、H骨的位置

1. 肩胛骨　2. 脊柱　3. 髋骨　4. 尾尖端　5. 臀上部形状　6. 后腿结合处

产奶量也增加，两者的结合提高了营养需求量。窝增重也影响了产奶量，可很精确地通过从出生至断奶的仔猪生长速度来估算母猪产奶量。产奶使母猪对能量与氨基酸的需求量增加，如果日粮中没有提供，母猪就要消耗体脂来提供；体重损失的60%为脂肪组织，40%为肌肉组织，这样就需要摄入高含量的能量与氨基酸用于高产奶量以防止体脂贮备的损失。但是高瘦肉率猪的遗传进展已引起青年母猪用以维持这些额外需求的体脂贮备的降低；同时为了提高饲料转化率而带来了压力，饲料摄入没有与营养需要的增加成比例，实际情况是饲料摄入还可能下降。这些因素已经给营养师配制经济的高产日粮、分娩舍经理维持高饲料摄入量带来了很大的压力，后者面临的问题尤其严重。

　　由于赖氨酸是参与肌肉组织与产奶的主要氨基酸，因此，它的水平显得非常重要，如果母猪必须动用体蛋白来提供赖氨酸，就有过度的体组织损失。最近的研究也证实支链氨基酸在产奶中的需要，在最近的 NRC 推荐量（1998）中，这些氨基酸特别是缬氨酸的需要量有相当的增加，氨基酸的需要量经常被表述为对赖氨酸的比率，赖氨酸的值为 100（理想氨基酸模型）。NRC（1998）推荐如下氨基酸比率（赖氨酸 100，蛋氨酸+胱氨酸 48，苏氨酸 64，色氨酸 18，缬氨酸 85，亮氨酸 108）。

影响哺乳母猪日营养需要的因素有：①产仔胎次；②产仔数；③断奶重；④仔猪哺乳时间（仔猪断奶日龄）；⑤温度；⑥生产者能接受的母猪体重与体贮备损失。

由于营养需要的变化取决于许多因素，如果没有特别说明，本书做如下标准假设：

哺乳仔猪数＝10 头；仔猪平均日增重＝225 g；分娩舍温度 22 ℃；母猪哺乳期体重损失＝10 kg（相当于维持 90%的能量平衡）。仔猪生长性能以平均日增重来表述，从日增重 g/d 转化成 21 或 28 日龄断奶时体重的计算方法分别为：

225/1 000×21+1.3 kg（初生重）＝6.0 kg

225/1 000×28+1.3 kg（初生重）＝7.6 kg

产仔胎次：从营养角度来讲一个完整的繁殖周期是母猪所承受的最具挑战性的事情，特别是体重较小的初产母猪。另外，初产母猪日采食量比经产母猪至少低 0.5 kg，二产母猪比经产母猪低 200 g 以上（表6-5）。

表6-5 不同胎次平均日采食量

胎次	观察数	平均日采食量（kg）
1	5 256	4.51
2	3 699	4.96
3	2 916	5.10
4	2 559	5.13
5	2 080	5.03
6	1 715	5.08
7	1 151	5.28
8	692	5.13
9	428	5.32
10	177	5.30

注：本试验分布于 30 个商品猪场，用了 25 000 头母猪（Koketsu et al. 2006）。

初产母猪在哺乳期特别容易受营养缺乏的影响，哺乳期的饲养策略应该是最大的饲料摄入量与最小的体重损失，当然在哺乳期间要完全防止体重损失是很难做到的（但这可作为目标），但是体重损失超过 10 kg 可能会延长断奶到发情的间隔时间进而减少产仔数。

为了维持猪只的生命健康，保证猪只正常的生长发育，并能最大限度地发挥饲料的利用率生产更多的肉产品，必须合理地根据猪只的生理需要提供各种营养物质，如蛋白质、碳水化合物、矿物质、维生素和水等，以满足猪只在不同的环境条件下对营养的需求。营养物质以饲料的形式为猪只提供，被猪只利用，合理利用饲料中的营养成分，有助于提高饲料中各种营养物质的有效利用率，从而提高猪只的生产性能及经济效益。

二、饲料的加工与日粮配制

饲料是生猪生产过程中的主要成本。饲料加工对饲料原料的物理特性、贮存运输特性、营养品质、饲喂特性等都有重要的影响。因此人们一直在寻求能够优化饲料加工工艺的技术来降低生产成本，从而提高动物饲养的经济效益。饲料加工技术的优化要以动物的生产性能为标准来衡量。

（一）饲料加工新工艺

膨化饲料、颗粒饲料及膨胀饲料的规模化生产已经成为世界饲料工业发展的一个趋势。现如今的饲料成品中，有 70% 以上的是经过热处理加工，主要是在调制、制粒或膨化的过程中。配合的饲料原料经过膨化或是膨胀处理之后，能够杀死部分有害物质，如沙门菌等，还能够降低饲料原料中的抗营养因子含量，使淀粉的糊化度增强，改善饲料的适口性，提高生产饲料的经济效益。但同时，由于高温、高压和水分的原因，可能使许多对温度敏感的组分如维生素、酶类、微生态制剂等受到严重的破坏，降低了饲料的营养品质，增加了生产成本。为了降低对热敏物质的破坏和影响，生产上一般采用"包被"和"微胶囊"方法对热敏物质进行处理，减少对热敏物质的破坏。

1. 添加悬浮液或胶体技术　此项技术就是将具有生物活性的物质与惰性的载体混合成泥浆状，然后制成悬浮液状态，再将悬浮液均匀地覆盖在饲料粒的表面。

2. 喷涂技术　饲料喷涂系统包括控制柜、液体的计量系统、喷涂机、液体罐、泵及喂料器等部分。物料进入主机后被分散成散装物料落下，液体进入主机与物料进行充分混匀。目前的喷涂机主要类型有喷嘴雾化式和离心雾化式。

3. 真空喷涂技术　一般的喷涂技术都是将液体均匀地喷涂在饲料颗粒的表面，在之后的包装、运输等过程中的相互摩擦和碰撞等都可能将饲料表面的液体包被剥掉，造成营养成分的损失或饲料配方的失真。为了解决这个问题，多数企业已开始采用真空喷涂工艺。

真空喷涂工艺就是利用真空的抽除系统，使包被在饲料颗粒表面的液体更加深入饲料颗粒内部，使液体在饲料颗粒中均匀分布，减少由于碰撞和摩擦等造成的营养损失，达到营养配方的保真。

4. 待开发满足农村实用的饲料加工机械　秸秆饲料的加工机械，如秸秆揉碎、秸秆化学处理、饲料的压制处理等的加工机械，能将更多的秸秆转化为饲料原料；植物叶片蛋白的提取机械，能够利用青绿资源提取出供饲料使用的植物叶蛋白，从而降低饲料的生产成本。

（二）日粮的配制

日粮是猪只营养获取的唯一途径，因此日粮配方中的营养物质是否合理，直接影响了猪只的生产和繁殖等性能。为了使猪只能够更加健康地生长，应以最佳的饲料利用率，获得最大的经济效益。因此，日粮在配制的过程中必须把握好饲料配方配制的六个平衡和六个原则。

1. 六个平衡

（1）日粮营养成分的含量与猪只的日采食量平衡。

（2）能量与蛋白质的平衡。

（3）氨基酸的平衡。

（4）钙磷的平衡。

（5）微量元素的平衡。

（6）酸碱平衡。

2. 六个原则

（1）要以饲养标准为依据，按照不同类型猪的营养需要量，查找猪常用饲料成分进行日粮配合，同时又要根据生产实践反映的生产效果进行调整，保证营养全面。

（2）从经济学观点出发，选择成本低、养分高的饲料，同时要因地制宜选择本地能及时满足生产的原料，达到减少运输费用，降低成本的目的。

（3）注意饲料的适口性，在配合日粮时，既要保证营养，又要考虑适口性，使猪爱吃，达到吃好、吃饱的目的。

（4）根据不同用途，给不同阶段的猪挑选适宜的饲料。如仔猪消化功能不健全，应选择易消化、纤维含量低的饲料。

（5）注意饲料中有害物质对猪的影响，如菜籽饼用量超过 8% 就会引起中毒。

（6）配合的全价饲料必须混合均匀，并按饲喂量需要进行生产。否则，霉败的饲料会引起中毒和营养物质损失，造成浪费。猪场自配饲料一般以不超过 10 d 的用量为宜。

第七章 繁殖体系建设

一、猪的繁殖技术

(一) 公猪的繁殖技术

1. 初配年龄 适宜的配种期,有利于提高公猪的种用价值。过早配种会影响公猪本身的生长发育,缩短利用年限;过晚配种会引起公猪性欲减退,影响正常配种,甚至失去配种能力,且优秀公猪不能及时利用。公猪的射精量一般在150~500 mL,平均250 mL,每毫升精液含精子1亿~3亿个。年轻公猪的精子数量、浓度和射精量都比较低,18月龄达成年水平,4岁以后开始下降。据报道,不满9月龄的公猪配种,分娩率很低,不足12月龄的公猪配种,窝产活仔数很少。

大量的统计资料证明,不足1岁的公猪同三胎母猪配种,较成年公猪每窝活产仔数约下降0.8头,如果猪群中不足1岁的公猪占25%,与100头母猪交配,每年将少获得仔猪48头。所以,公猪的初配年龄最小不少于8月龄,最好在10~12月龄以后、体重在120 kg以上。

2. 配种频率 不同月龄公猪的配种频率见表7-1。

表7-1 公猪的配种频率

月龄	每周配种次数
10月龄以前	1次
10~15月龄	1.5次
15月龄以后	2次

配种间隔最长不要超过14 d,否则精液品质下降,受胎率降低,产仔数减少。公猪的使用年限一般为3年左右。在本交的情况下,如果实行常年配种,一头公猪可负担20~30头母猪的配种任务;人工授精时,一头公猪可负担500~1 000头母猪的输精任务。

3. 性行为与调教 公猪在性成熟后,就会出现性行为,主要表现在求偶和交配方面。求偶行为的表现是：特有的动作，如拱、推、磨牙、口吐白沫、嗅等；特有的声音，如在动作的同时发出不连贯的有节奏的、低柔的哼哼声；释放气味，如由包皮排出的外激素物质，具有刺激性的气味，用以刺激母猪嗅觉。交配行为有爬跨与射精，交配是动物的一种本能行为，但也有一部分是经过训练的，青年公猪初次配种缺乏经验，交配行为不正确，如有的公猪配种爬跨到母猪前部，对这种猪应予以调教。可使初配公猪与发情盛期的经产母猪交配，容易成功；或将配种场地暂移公猪舍前，让青年公猪能够观摩到有经验公猪的正确配种行为。配种时应给予一定的人工协助，如纠正爬跨姿势，帮助青年公猪将阴茎插入母猪阴道。经过一段时间的学习后，交配行为会逐渐完善。

由于调教、饲养管理等，有时会产生一些异常性行为，如公猪的自淫，交配时爬跨行为正常，但又爬下，然后就坐在地上射精。对于自淫的公猪给予定期交配或射精，在交配时给予人工辅助，或保证每天运动可望得到纠正；若经反复调教仍得不到纠正，应予淘汰。

调教初期应尽量使用处于发情盛期的小母猪来训练小公猪爬跨，调教应在固定、平坦的场地，早晚空腹进行，每次 10~15 min 为宜。

（二）母猪的繁殖技术

1. 母猪的初情期和发情周期 初情期指母猪的初次发情和排卵年龄，一般在 4~7 月龄，青年母猪初情期后，每隔一段时间重复出现一次发情，一般把上次发情开始到下次发情开始的间隔时间叫发情周期，发情周期一般在 18~23 d，平均为 21 d。

在发情周期之中，母猪的生殖器官、精神状态和性欲都发生一系列的有规律的变化，根据这些变化把发情周期分为发情前期、发情期、发情后期和间情期四个阶段。发情期持续 2~3 d，母猪应在发情期配种。

2. 母猪的初配年龄和体重 母猪初次发情的年龄和体重太小，生殖器官尚未发育成熟，生殖功能还不正常，发情不规律，排卵数也少，此时配种往往受胎率低，产仔数少，并影响母猪本身的生长发育。年龄过大配种会增加母猪的培育费用。母猪的初配年龄，地方品种不早于 6 月龄，体重不低于 70~80 kg，我国培育猪种及其杂交猪一般在 7~8 月龄，体重 90~100 kg；国外引进品种一般在 7~8 月龄，体重不低于 120 kg。生产实践中，有时根据情期确定配种时间，一般是在第二或者第三个情期实行初次配种较为适宜。

3. 适时配种 母猪配种后，精子从子宫颈到输卵管壶腹需要 2~3 h，精子获能需要 3~6 h，精子在母畜生殖道内保持有受精能力的时间为 24~36 h。母猪排卵发生在发情后 24~48 h，排卵持续时间为 10~15 h，卵子保持有受精能力的时间为 8~10 h。根据上述规律，结合生产上每天发情鉴定的次数、每个情期配种的次数等情况（表 7-2），一般在母猪发情后 6~18 h 开始第一次配种，间隔 12~18 h 再配一次。

表 7-2　交配时间对受胎率的影响

发情开始后时间	10 h 以内	10~25 h	25~36 h	36~48 h	48~72 h
受胎率	81.25%	100%	46.2%	50%	0

母猪发情期和适宜配种时间因母猪的品种、年龄、个体、断乳后发情时间及饲养管理水平等的不同而存在一定差异。一般国外引进品种发情持续时间较短，应早配；地方品种发情持续时间较长，配种时间适当推后；青年母猪因发情持续时间较短，应早配；壮龄母猪发情持续时间较长，配种时间适当推后；母猪断乳后发情时间与持续发情时间有明显相关，母猪断乳后发情越晚，发情持续时间越短，应早配；母猪断乳后发情早，发情持续时间相对长，配种时间应适当推后；如果配种过早，卵子尚未排出时精子已经衰老，失去受精能力，即便勉强受胎，合子也很难存活，从而造成空怀或者产仔数减少。如果配种过晚，精子到达受精部位，卵子已经衰老，失去受精能力，也达不到受胎的目的；过晚配种还会出现母猪拒绝交配。所以，生产上应根据具体情况掌握配种时间。

4. 母猪的诱情与激素催情　随着养猪业的发展、国外猪种的引入、限位栏的使用等，发现很多青年母猪存在延迟发情的现象，应加强饲养管理和饲养的条件，同时采用激素诱情。

（1）诱情：母猪的发情和排卵都是在神经和激素的调节下进行的，利用公猪诱情、迁移刺激等措施，可以使断乳母猪提前发情，使后备母猪初情期提前，发情明显，受胎率提高，产仔数增加。

1）将后备母猪养在有成年公猪的地方，这样隔离饲养的母猪性成熟提早 30~40 d；进入生理成熟的小母猪群突然引入公猪，可使性成熟统一化，20 日龄至 7 月龄的后备母猪群饲比单独饲养的后备母猪性成熟提前，受胎率也高，所以后备母猪适宜群饲。要定时接触公猪，接触时间一般为配种前 3 周；所选用的公猪应是性欲旺盛的成年公猪，采用直接接触的方式，最好能每日 3 次，每次 5~15 min；为获得最大反应，可以延长接触时间，特别是猪群数量较大时，但是不宜超过 30~40 min。

2）公猪接触可使断乳母猪提早发情，群饲也有一定效果。

3）用公猪试情，有利于发情鉴定。

4）人工授精前与公猪接触，可提高受胎率和产仔数。澳大利亚用 800 头猪试验，后备母猪初次发情后与结扎了输精管的公猪放在一起，再发情后用公猪交配，受胎率提高 5%~6%，第一窝产仔数增加 0.5~2.5 头，第二窝产仔数约增加 1 头。

5）将接近初情期的后备母猪移至舍外或者由一个圈移至另一个圈，若在迁移4~6 d后发情，如果与公猪刺激相结合，可获得最大效果。迁移时间应在配种前3周。

（2）激素催情：初产母猪的受胎率和产仔数均不及经产母猪，经产母猪产后也经常出现乏情厌食现象，为了充分挖掘初产母猪的生产潜力，促使断乳母猪尽快发情，生产上采用对后备母猪和断乳母猪进行激素催情或超数排卵，具有一定效果。后备母猪达到适宜配种年龄以后，肌内注射孕马血清促性腺激素（PMSG）750~1 200 IU，72 d后再注射人绒毛膜促性腺激素（HCG）500~1 000 IU，一般40 h左右就可以发情；并增加排卵数，如果增加一针PGF$_{2\alpha}$，可进一步改善激素处理的效果，对于产后乏情的猪也有一定效果。

5. 猪的早期妊娠诊断 母猪配种后应及早判断是否妊娠，以免第二情期漏配，一般在配种后18~21 d用种公猪试情，如果不再出现发情症状，并且食欲旺盛、性情温顺、动作稳重、贪睡、皮毛光亮、尾巴下垂等，即可认为已经妊娠。如果能结合超声波妊娠诊断仪，18~45 d测定结果会更准确。

6. 分娩与接产

（1）分娩前的准备工作：根据母猪的预产期推算，产前7~10 d就应该准备好产房，产房要求温暖、干燥、卫生、舒适、安静；产房温度要求15~22 ℃，进猪前要对产房进行彻底的清洗消毒处理，产前3~5 d将母猪赶到产房；产前还应该准备好接产用具，包括毛巾、碘酒、耳号钳、剪刀、台秤、分娩记录本等。

（2）产前表现：产前表现与距产仔时间见表7-3。

表7-3 母猪产前表现与距产仔时间

产前表现	距产仔时间
乳房胀大	15 d左右
阴户红肿，尾根两侧下陷	3~5 d
挤出透明乳汁	1~2 d
叼草做窝	8~16 h
挤出乳白色乳汁	6 h
呼吸90次/min	4 h
躺下、四肢伸直、阵缩间隔缩短	10~90 min
羊水流出	1~20 min

（3）接产：接产工作有以下步骤。

1）清洗：母猪出现阵缩后，要清洗乳房和臀部污物，用2%~5%的来苏儿消毒，消毒后清洗擦干。

2）擦净黏液：仔猪产出后，接产人员立即掏出仔猪口鼻黏液，用毛巾把全身的黏液擦净。

3）断脐：先将脐带里的血液往腹部方向挤压，然后距腹部 4 cm 左右将脐带用手指掐断，碘酒消毒。

4）仔猪编号、称重、记录卡片：打耳号有剪耳法和耳标法。剪耳法是用耳号钳在猪耳朵上剪上缺口，每一缺口代表一个数字，一般是 1、3、10、30、100、200、400、800，把缺口的数字相加就是该猪的编号。耳标法是把猪的号数写在耳标牌号，用耳号钳固定在猪耳上，然后称重、登记卡片。

5）给奶：做完上述工作，立即让仔猪吸奶。

6）假死猪的急救：有的仔猪因为黏液塞住气管或者脐带在产道内拉断等原因，出生后停止呼吸，但是心脏还在跳动，称为假死。急救方法是将仔猪四肢朝上，一手托臀，一手托肩，然后一屈一伸反复进行，直到仔猪叫出声为止。对于救活的仔猪应特殊护理 2~3 d，使其尽快恢复健康。

7）难产处理：猪是多胎动物，一般胎儿小，很少发生难产，但个别母猪因为过肥或过瘦，初产母猪过小等，有可能造成难产。母猪正常分娩时间歇 5~25 min，平均 10 min，产仔持续 1~4 h，一般 1~2 h。如果产仔时间间隔过长，母猪长时间地阵痛或努责，仍不见胎儿出来，即可判定难产，这时可注射垂体后叶素 15~25 u，强心剂 2~3 mL，并按摩乳房，如不能奏效，可人工助产。方法是先将指甲剪平磨光，将手及手臂消毒清洗，涂润滑剂（凡士林），然后五指并拢，在母猪阵缩间歇间轻轻旋转伸入母猪产道，当摸到仔猪后，随母猪阵缩轻轻拉出胎儿，有时全窝仔猪都需要人工掏出，产完后给母猪注射抗菌药物或其他消炎药，以免产道感染。

8）胎盘的排出：产后 10~30 min 胎盘即可自行排出，否则应注射催产素。

9）清理产圈：产完后应及时清理干净产圈。

（三）人工授精技术

随着养猪业规模化、集约化水平的不断提高，母猪的繁殖水平已直接影响到养殖户的经济效益。要提高母猪的繁殖水平最直接有效的途径就是采用人工授精技术。人工授精技术不但能大大提高母猪的受胎率，加快猪品种改良的步伐，促进养猪生产水平的提高，而且还可大大减少种公猪的养殖数量，减少成本。我国的猪人工授精技术在 20 世纪 50 年代初开始在少数高等院校、科研单位进行试验，70 年代后期较广泛地应用于生产，取得了良好的效果。但我国目前的人工授精率大概在 30%，和发达国家的 60%~85% 还有一定差距，因此，还需大力推广。人工授精的操作程序主要有以下步骤：

1. 采精前的准备　主要包括采精场地准备和采精所需器械准备。采精宜在室内进行，采精室应明亮、宁静，地面平整，便于冲洗和消毒，但不宜过于光滑；紧靠精液检验室，以便及时把采到的精液通过拉窗递进检验室进行检验；采精室内应安装照明灯、电风扇、紫外线灯等。

（1）公猪的调教：首先做好假台猪，假台猪是模仿母猪的大致轮廓，以木质支架为基础制成的。要求牢固、光滑、柔软、高低适中、方便实用，对外形要求不严格。一般用直径 20 cm、长 110~120 cm 的圆木，两端削成弧形，装上腿，埋入地中固定。在木头上铺一层稻草或草袋子，再覆盖一张猪皮，组装好的假母猪后躯高 55~65 cm，呈前低后高，高度相差 10 cm。要做好种公猪的调教，可按以下几种方法训练。

1）在假母猪后躯涂抹发情母猪的尿液或其阴道黏液，公猪嗅到气味会引起性欲并爬跨假母猪，一般经几次采精后即可成功。若公猪无性欲表现，不爬跨时，可马上赶一头发情旺盛的母猪到假母猪旁边，然后再赶走，让公猪重新爬跨假母猪而采精，一般都能训练成功。

2）在假母猪旁边放一头发情母猪，两者都盖上麻袋，并在假母猪身上涂以发情母猪的尿液。先让公猪爬跨发情母猪，但不让交配，而将其拉下，这样爬上去，拉下来，反复多次，待公猪性欲高度旺盛时，迅速赶走母猪，诱其爬跨假母猪采精。

3）让公猪旁观另一头已训练好的公猪爬跨假母猪，然后诱其爬跨。

在调教训练过程中，要反复进行，耐心诱导，以便建立巩固的条件反射。切忌强迫、抽打、恐吓等，否则会发生性抑制而造成训练困难。另外，还要注意人畜安全。

（2）采精设施：采精设施有以下种类。

1）采精杯：要求保温性能好，便于携带。各种材质做的杯或瓶，均可用作采精杯。在温暖的地区可用容积 500 mL 的一次性纸杯。在寒冷地区，最好使用双层保温的不锈钢杯或玻璃杯。

2）过滤纸或无菌纱布：要求过滤纸的微孔径在 100 μm 左右，能让精子通过，并且能过滤精液中的胶状物质。精液过滤纸覆盖在集精杯口，用橡皮筋固定。用 4~5 层无菌纱布，过滤精液中的胶粒物质，但一定要防止纱布中的棉屑脱落，否则会使精液品质变坏。

3）一次性手套：乳胶或塑料薄膜均可，但不允许有影响精子生存的物质。

4）假母猪：钢板卷成，长 95 cm，宽 36~40 cm，高低可升降。在假母猪上覆橡胶皮，稍有弹性，前端有可供公猪前脚扒扶的设置更佳。

5）防滑垫：橡胶制成的防滑垫，长 1.2 m，宽 1 m，厚度 2~3 cm，是一种具有很多小洞的软垫，相当于地毯。将防滑垫置于假母猪臀部后方的地面上，采精时防止公猪滑跌，保护公猪肢蹄。

6）水盆和毛巾：用来清洗公猪的下腹部，防止精液污染。

2. 采精方法 采精前先把种公猪驱赶到运动场排粪、排尿，然后赶到采精室。当种公猪爬上采精架后，首先挤去包皮内的残留尿液，除去腹部的污垢，用现配的高锰酸钾温水浸湿毛巾，自包皮口向后单向擦拭，擦拭一遍后将湿毛巾叠起，再用另一干净面擦第二遍，切忌来回擦拭，以免重复污染，然后用灭菌干毛巾擦干即可正式采精。采精的方法主要有以下几种。

（1）手握法：它是根据公猪交配时的生理要求而创造出来的一种简单易行的采精方法。手握法采精可以灵活掌握公猪射精所需要的压力。具体方法如下：将集精瓶和纱布蒸煮消毒 15 min，再用 1%氯化钠溶液冲洗，拧干纱布，并折成 2~3 层，用橡皮圈将纱布固定在集精瓶口上（纱布的松紧度以稍下凹为宜）。采精员应先剪平指甲，洗净双手，并用 75%酒精棉球擦拭消毒，也可以右手戴上消毒过的橡胶手套。将公猪赶进采精室后，用 0.1%高锰酸钾溶液消毒公猪包皮及其周围皮肤并擦干。采精员蹲在台猪的左后方，待公猪爬上台猪伸出阴茎时，立即用右手手心向下握住公猪阴茎前端的螺旋部，不让阴茎来回抽动，并尽量顺势小心地把阴茎全部拉出包皮外，拳握阴茎的松紧度以不让阴茎滑掉为准。拇指轻轻顶住并按摩阴茎前端，增加公猪快感。注意防止公猪做交配动作时，阴茎前端碰到台猪而被擦伤。当公猪要射精时，右手应有节奏地一松一紧地加压，刺激性欲，并将拇指和食指稍微张开露出阴茎前端的尿道外口，以便精液顺利地射出。这时，用左手持集精瓶稍微离开阴茎前端收集精液。由于公猪最先射出的精液往往混有尿液等污物，故不要收集，待射出乳白色精液时再收集。当排出胶样凝块时，则用拇指排除。公猪射完第一次精后，右手再有节奏地加压，并再用拇指轻轻地按摩阴茎前端，以刺激公猪继续第二次、第三次射精。

（2）假阴道法：假阴道由外筒、内胎、橡皮漏斗、集精瓶、双连充气球、橡胶塞和橡皮圈组成。外筒用硬质塑料制成，长约 30 cm，内径 7~8 cm，距一端 20 cm 处有一充气和注水口，可接开关和双连打气球。假阴道另一端可接集精瓶。假阴道内胎要求弹性强，有网状结构，能摩擦阴茎，产生快感，刺激射精。内胎要求经久耐用。在采精前，装好假阴道，注入 40 ℃以上的热水，测量并调节内胎温度在 38~39 ℃，接上双连打气球充气，再给内胎涂上一层专用的生物润滑剂。为了避免公猪开始射出的精液中细菌多，精子少，开始不要接上集精瓶，等射出乳白色浓稠精液时由助手接上集精瓶，收集精液。假阴道采精适应于寒冷季节和高纬度地区。

（3）筒握法：筒握法由海绵套筒构成筒形采精器，呈漏斗状。公猪阴茎挺出后，用套筒套住阴茎头部，用手有节奏地施加压力，同手握法采精相似。这种采精法的优点是不需消毒清洗手臂，海绵套筒为一次性，省去烦琐的清洗手续。

（4）电刺激法：适用于损伤后肢的优秀公猪。电刺激采精器由脉冲电流发生器和探头两部分组成。使用时先给公猪注射镇静药镇静（可用静松灵、氯胺酮等镇静或麻醉），再将探头涂上润滑剂塞入公猪直肠，接通电流，由低到高调节频率，增加刺激强度，直到顺利射精。

不论用哪种方法采精，都要防止包皮液混进精液。包皮液有时会滴到阴茎上，顺着阴茎流入集精杯而杀死精子。防止包皮液滴入集精杯可用无菌纸巾包裹阴茎。

公猪射精的过程需 5~10 min，要耐心操作。采精完了要让公猪自然爬下假母猪。最好对公猪实施奖励，饲喂 1~2 枚鸡蛋，使公猪养成条件反射，以利采精。采精员采下精液，通过递精窗把精液传到精液处理室。在递精窗的两面均有可移动的玻璃，上面设置红外线灯，可杀灭细菌。打开一面玻璃放进集精杯后立即关闭，另一侧玻璃面打开，保持精液处理室处于相对无菌的状态。

3. 精液品质检查

（1）外观检查：猪精液正常颜色为灰白色或乳白色，浓度越高颜色越白；正常气味略带腥味或无味；一般呈弱碱性或中性。

（2）活力检查：测定精子活力是保证母猪受胎的一项重要技术。具体操作方法为：将精液滴在 38 ℃恒温的载玻片上，按 10 分制进行评分，新鲜精液活率应大于 0.6，贮存精液活率应大于 0.4。

（3）形态检查：精子断尾、断头、有原生质、头大、双头、双尾、折尾等情况都属畸形精子。优良公猪的精子畸形率一般不超过 18%，超过 20% 的不宜于输精。

（4）浓度检查：是决定精液稀释倍数的重要依据，通过显微镜观察的目测法，可把精液分为密、中、疏三个等级。另外，还可用血细胞计数板计数、精子密度仪精确计算精液密度。目前常用的人工授精的精子密度为每毫升 0.5亿个，输精量为 60~80 mL，保证有效精子 30 亿~40 亿个。

4. 精液的稀释和保存　精液的稀释、分装及保存猪精液的稀释液配方有很多，应根据其效果、保存方法和经济实用性来决定选用哪一种。普遍采用的配方是：葡萄糖 5~6 g，柠檬酸钠 0.3~0.5 g，乙二胺四乙酸或乙二胺四乙酸二钠 0.1 g，用蒸馏水加至 100 mL，规模猪场一般按 1 000 mL 体积配制。确定好稀释倍数后，将相应的稀释液沿杯壁缓慢倒入精液中，边倒边缓慢摇动；稀释后的精液按照规格分装，将需保存的精液在室内缓慢降温 1~2 h 后放入17 ℃恒温冰箱中保存。

总之，正确运用人工授精技术可大大提高母猪受胎率，改良猪群质量，减少疾病传播，降低生产成本，让广大养殖户取得更大的经济效益。

二、后备猪的选育

后备猪的数量和质量是关系到种猪场扩大再生产的关键。一般情况下，每个种猪场每年都会淘汰近 1/3 的繁殖母猪和种公猪。因此，后备猪的选育工作做得好坏，会直接影响到种猪场的经济效益和以后的发展。

（一）种猪的淘汰

1. 种公猪的淘汰 有下列情况的种公猪应考虑予以淘汰：一是性欲低下，经调教和药物处理后仍无改善的公猪；二是睾丸发生器质性病变的公猪；三是精液品质低（精子活力在 0.5 以下，浓度为 0.8 亿个以下，畸形率 18% 以上），配种受胎率低，与配母猪产仔数少的公猪；四是体质过瘦难以恢复，肢蹄疾病难以治愈或因其他疾病失去种用价值的公猪；五是老龄或连续使用 3 年以上的公猪。

2. 种母猪的淘汰 除发生疾病导致不能配种等异常因素外，母猪一般的利用期限是 7~8 胎。有下列情况的种母猪可以考虑淘汰：一是生殖性能过低，连续两胎产活仔数在 8 头以下的母猪；二是肢蹄病难以治愈或体质过瘦难以恢复的母猪；三是乳腺炎、子宫炎、习惯性流产以及其他疾病难以治愈，失去种用价值的母猪；四是连续几个情期不孕或不发情的母猪；五是子宫脱落或因难产做过剖腹手术的母猪。

（二）后备种猪的选择

后备公猪的选择要重点突出个体生长快、背膘薄、饲料转化率高和肢蹄结实等特征；后备母猪的选择要突出母性好、四肢结实、体态健秀的个体。选择后备种猪时可分几个阶段进行，每个阶段有各自选择的重点，根据猪只的生产性能、体形外貌和市场需求等信息，综合确定是否留种。

1. 出生时后备种猪的选择（窝选） 首先要保证父母的生产成绩优良，其次要保证同窝仔猪中无遗传缺陷。若选后备公猪，同窝中母猪所占比例过高不予选留，若选后备母猪则反之。

2. 断奶时后备种猪的选择 从产仔数多、哺育率高、断奶窝重大、同窝仔猪生长发育整齐的窝中选留长势好、身体健壮的仔猪，初选时尽量多留。

3. 4 月龄后备种猪的选择

（1）后备公猪的选择：一是具有典型的雄性特征，前胸发达、腹部紧凑、体形良好、体质结实、肢蹄强健、后躯肌肉发达，肩部宽度与后躯宽度相似；二是具有本品种的典型特征；三是睾丸发育良好、大小适宜、左右对称，包皮无积尿、性欲旺盛、配种能力强、精液品质好；四是公猪无瞎奶头和翻转奶头等现象（这些性状能遗传给下一代母猪）；五是选留时要结合其动态行为进行观察，要选择食欲旺盛、动作灵活、贪食好胜的个体，这些是猪只健康的表现。

（2）后备母猪的选择：一是选择生长发育良好、骨骼匀称、体格健壮、四肢及肢体部强健有力、行走平稳、被毛光滑、尾根较高、身体肥瘦适度且头颈轻巧清秀、具有典型雌性特征的个体；二是体形外貌具有本品种的典型特点；三是乳房发育良好，有效乳头 7 对以上，排列整齐、匀称，无瞎乳头及翻转乳头，阴户发育较大且下垂的个体（阴户发育过小而上翘的个体是生殖器官发育不良的表现）。

4. 6 月龄的性能测定选择　到 6 月龄时，猪只身体各组织器官基本发育完全，体重也达到 100 kg 左右，这时候可以对后备种猪进行日增重、背膘厚等方面的测定，最后结合外貌等性状选留指数高的个体。测定方式可以选择现场测定，这样既节省成本，测定量也较大。测定到准确的数据后可以通过 BLUP 法（最佳线性无偏预测法）进行遗传评估。目前应用此方法制作的测定软件有很多，如 PEST、MTEBV、GENESIS、GBS 等。应用此方法需要测试的基本数据包括达 100 kg 体重的日龄、达 100 kg 体重的活体背膘厚和总产仔数。以上 3 个基本数据通过电脑输入到应用 BLUP 法制作的遗传评估软件中，经计算就可以很直观地得到测试个体的日龄 EBV（估计育种值）、日增重 EBV、总产仔数 EBV 及个体的父系指数、母系指数等。当输入得到足够多的测试数据后，结合对后备公猪、母猪的外貌选择，就可以从后备猪群中挑选出生产性能较优的个体作为种用。

5. 配种前的选择　一是要淘汰爬跨能力弱、精液品质差及因疾病影响繁殖性能的后备公猪；二是要淘汰不发情、发育症状不明显、不规则，出现繁殖疾病及其他疾病的后备母猪。在选留后备种猪时还要注意以下几点：种公猪的留种比例最好能实现（10~20）∶1，最少不能低于 5∶1，然后从中选取最优秀的 10 头留种；种母猪的留种比例最好能实现 5∶1，最少不能低于 3∶1，再从中选取最优秀的 10 头留种。

（三）做好选配工作

做好选配工作的基础是要有足够多的资料，如系谱等。选配时如果要固定某个优异性状，通常采用同质选配方式；如果要改良某个性状或者使不同的优异性状结合，常采用杂交或者异质选配方式。当群体中出现理想的类型时，通过同质选配可以使其固定下来，并扩大其在群体中的数量；异质选配应用时可以用好的性状改变差的性状，用优改劣，也可以通过异质选配综合双亲的优良特性，提高下一代的适应性和生产性能。在实际工作中可以采用猪场管理软件或种猪性能测定来代替人工选配，如 pigblup、netpig 等都是这方面优秀的软件。

三、猪的杂交利用

猪的杂交是指不同品种或不同品系间的交配，一般将品种间杂交生产的商品猪叫杂种猪，系间杂交生产的商品猪叫杂优猪。在商品猪生产中利用杂交提高生产水平，增加经济效益。

（一）猪的经济杂交模式

1. 二元杂交

（1）概念：二元杂交是利用2个品种或品系进行一次杂交，其杂种一代全部作为商品肉猪。这是最为简单的一种杂交方式，且收效迅速，只要购进父本品种即可实现。一般要求父本和母本来自不同的具有遗传互补性的两个群体。在我国，一般以地方品种或培育品种为母本，以引入猪种作为父本。

（2）特点：这种方法简单易行，已在农村推广应用。只要购进父本品种即可杂交。缺点是没有利用繁殖性能的杂种优势，仅利用了生长育肥性能和胴体性能的杂种优势，因为杂种一代母猪被直接育肥，繁殖优势未能表现出来。

2. 三元杂交

（1）概念：是由3个品种或品系参加的杂交，生产上常采用两品种杂交的杂种一代母猪作为母本，再与第三品种的公猪交配，后代全部作为商品猪育肥。

（2）应用：三元杂交所使用的母猪常为地方品种或培育品种，两个父本品种常为引入的优良瘦肉型品种。为了提高经济效益和增加市场竞争力，可把母本猪确定为引入的优良瘦肉型猪，也就是全部引入优良猪种进行三元杂交，效果更好。

3. 轮回杂交

（1）概念：就是在杂交的过程中，逐代选留优秀的杂种母猪作为母本，每代用组成亲本的各品种公猪轮流作为父本的杂交方式。

（2）优点：利用轮回杂交，可减少纯种公猪的饲养量，降低养猪成本，可利用各代杂种母猪的杂种优势来提高生产性能，因此不一定保留纯种母猪繁殖群，可不断保持各子代的杂种优势，获得持续而稳定的经济效益。常用的轮回杂交方法有两品种杂交和三品种杂交。

4. 配套杂交

（1）概念：配套杂交又叫四品种（品系）杂交，是采用4个品种或品系，先分别进行两两杂交，然后在杂交一代中分别选出优良的父、母本猪，再进行四品种杂交，称配套系杂交。

（2）应用：目前国外所推行的"杂优猪"，大多数是由四个专门化品系杂交而产生，如美国的"迪卡"配套系，英国的"PIC"配套系等。

目前我国主要推行杜长大三元杂交模式。该组合是以长白猪与大白猪的杂交一代作为母本，再与杜洛克公猪杂交生产三元杂种。是我国生产出口活猪的主要组合，也是大中城市菜篮子基地及大型农牧场所使用的组合。其日增重700~800 g，饲料利用率3.1以下，胴体瘦肉率达63%以上，由于利用了3个外来品种的优点，体形好，出肉率高，深受市场欢迎。

（二）提高杂种优势的途径

杂种优势利用在养猪生产中具有重要的意义，但杂种优势的表现及其利用受许多因素的制约，欲提高杂种优势利用效果，必须从以下几个方面着手。

1. 正确选择杂交亲本 杂种优势的表现与亲本的品质、纯度及相互间的遗传距离有很大的关系。因此，杂交亲本的选择至关重要。

（1）母本品种的选择：①选择分布广、适应性强的本地品种或培育品种作为杂交母本，因为猪源易解决，适应当地条件，容易推广。②选择繁殖力强、母性好、泌乳力强的猪种作为杂交母本，对于提高产仔数和存活率、降低生产成本、提高养猪效益具有重要意义。③选择胴体品质中等、肉质优良的猪作为杂交母本，由于猪的胴体品质呈中间遗传，杂交后代的胴体瘦肉率正好是双亲的均值。因此，要使杂交后代的瘦肉率达55%以上（瘦肉率55%以上为瘦肉猪），母本的瘦肉率必须在50%以上。为了适应现代养猪生产发展需要，生产瘦肉型商品猪，必须注意杂交母本的选择。

（2）父本品种的选择：①选择生长速度快、胴体品质好的品种作为父本，因为这些性状容易遗传给后代。②根据类型来选择父本品种，用不同类型的猪杂交，比同类型的猪杂交效果明显。③同时还要考虑对商品猪的要求，欲获得瘦肉量较多的杂种猪时，应选择瘦肉型猪如杜洛克、汉普夏、皮特兰作为父本。正确选择终端父本，在开展三元或多元杂交时，往往最后一轮父本（终端父本）对杂交效果的影响最大。因此要求终端父本在肥育、胴体性状方面具有突出的特点。

2. 选择适宜的杂交方式 不同的杂交方式所获得的杂交效果不同。因此，应根据当地的猪种资源，在总结以往杂交利用效果的基础上，选择适宜的杂交方式，如二元杂交、三元杂交、双列杂交等，以充分发挥杂种优势效应。特别要大力推行专门化品系间杂交，随着养猪生产的现代化发展，目前畜牧业发达国家基本采用杂交，特别是通过培育出专门化品系后，把杂种优势利用推向更精确、更灵活、更高效的发展阶段。系间杂交的特点是：

（1）品系可在品种内培育，也可通过杂交合成，质量要求不如品种全面，可以突出某个专门特点，头数要求不用很多，分布也不必广泛。因此，培育一个品系要比培育一个品种快得多。这样就可以培育出大量杂交用猪群，随时增加新的杂交组合，为不断选择新的理想型组合创造更有利的条件。

（2）品系的范围较小，整个系群提纯比较容易，亲本群体纯，不仅能提高杂种优势和杂种整齐度，而且能够提高配合力测定的准确性和精确度。这对于养猪业走向现代化具有相当深远的意义。只有这样，杂种优势利用才能真正做到所谓"配方化"（即一定的杂交组合，在一定的饲养管理条件下，经过一定的时间，一定能够生产出合乎一定规格的产品，杂交效果如同配方一样准确）。

3. 选择适宜的营养水平　动物遗传学已证明，任何经济性状的表现都是基因型与环境共同作用的结果。正确选择杂交亲本和杂交方式，为有效开展杂交利用奠定了良好的遗传基础，同时还应采用适宜的营养水平和科学的饲料配方，采取科学的饲养管理方法，以充分发挥杂种猪的遗传潜力，产生更明显的杂种优势。

4. 建立健全良种繁育体系　所谓商品瘦肉猪生产繁育体系，即充分利用现在品种（系）资源，深入开展配合力测定和杂交组合试验，筛选出既适合当地生产条件又符合市场需要的优选组合，并通过建立核心育种群、纯繁殖群和商品生产群，严格按照固定的杂交模式和规范化生产技术，系统进行商品瘦肉猪生产。宝塔式的良种繁育体系包括核心群、纯繁群和生产群三个层次，缺一不可。整个繁育体系包括核心群选育-原种生产-扩大繁殖-生产杂交母猪-经济杂交-商品猪肥育-上市。层次从高到低，数量从小到大，逐步扩展，从而保证优良基因的顺向流动，并最大限度地缩小遗传改良时距。

5. 合理安排猪群结构　猪群的合理结构是商品猪场提高生产力的重要保证。首先要根据猪场的性质（以纯繁为主还是以肥育为主）和生产任务来考虑各种猪群的配比关系；其次注意种猪的年龄结构和比例关系。猪群结构是指不同年龄、不同性别和不同用途的猪在猪群中各占的比重。猪群结构是否合理，直接影响设备和栏圈的利用率、各类猪生产力的发挥以及劳动生产率，最终直接影响养猪的综合经济效益。因此，必须根据各类猪群的生理特点、生长发育、生产繁殖周期以及经济用途和市场需要，建立合理的猪群结构，合理安排养猪生产。

6. 有组织有计划地开展杂种优势利用　杂种优势利用是一项技术性强、涉及面广、持续时间长、耗资大的综合性技术工作，应根据本地的猪种资源、技术力量、饲养管理条件以及过去的杂交经验和配合力测定结果，因地制宜地制订出一整套切实可行的杂种优势利用方案，有组织、有计划、有步骤地开展这项工作，才能取得应有的经济效果。否则，不仅不能有效而稳定地收到杂种优势之利，反而会把纯种搞杂，杂种搞乱，破坏当地的猪种资源，给生产带来不利后果。

第八章 猪场的饲养管理

一、初生及哺乳仔猪的饲养管理

在仔猪出生后,其环境和营养发生了很大的变化,由胎儿时期母体血液提供营养变成了由母体乳汁提供,由母体内恒定舒适的环境变成了较复杂的外界环境,而仔猪机体的温度调节功能、消化功能、对细菌疾病的抵抗能力都很弱,没有发育健全。因此,为仔猪提供一个舒适的环境对仔猪健康成长是十分重要的,为日后提高仔猪断奶窝重和成活率提供保障。

(一)初生仔猪的饲养管理

仔猪出生后,应让其尽快吃到初乳,以获取足够的母源抗体,研究显示初乳中的抗体会在 8 h 减少70%,因此要尽快尽早地让出生仔猪吃上初乳。同时要固定乳头,以仔猪的自然选择为主,人工辅助为辅,对弱小的或是抢不到乳头的仔猪要进行人工辅助,并将其固定在前乳头。一般从头部向后,乳头的泌乳量呈递减的规律。为了保证仔猪的健康,母猪要在产前一周进入产房,进入产房前要进行洗刷、除螨、消毒,同时也要对产房消毒。产前可用清水将母猪的阴户和乳房擦洗干净。

(二)哺乳仔猪的饲养管理

哺乳期的母猪产乳量呈规律性变化,前 4 周逐渐增加,第 3 周末可达到最大泌乳量,相当于初产时的 3 倍左右,4 周后开始下降,8 周左右可降到最高泌乳量的1/3。仔猪体内的消化酶系统也在发生着变化,乳糖酶、脂肪酶、淀粉酶、麦芽糖酶、蛋白酶和胰蛋白酶等的活性都发生着变化。此阶段仔猪的生长强弱度变化很大,各种营养物质的微量差别都会对仔猪的生长带来明显的差异。

(三)饲养的技术要点

1. 保温 分娩舍通风采用小环境自动控温模式。设备管理员根据猪群变化、天气变化和季节差异,对温控器基础设定点(Set Point)进行适当调整,如分娩舍设为 20 ℃。仔猪区域局部温度结合保温灯挡位进行温度调节。一挡为低挡,二挡为高挡。仔猪哺乳期最适温度 1~7 日龄为 28~32 ℃、8~28 日龄为 25~28 ℃,舍内温度控制在 20~22 ℃,相对湿度60%~70%,保持空气新鲜。

2. 补铁 仔猪出生后 2 d 内第一次补铁 1~2 mL；7~10 d 第二次补铁 2 mL，颈部两侧或臀部深部肌内注射。

3. 寄养与并窝

（1）寄养：泌乳母猪要每头哺仔 10~12 头，窝产超过 12 头或不足 7 头仔猪的，按先产的仔猪往后产的母猪寄养的原则，将寄养的仔猪转给产期相差不超过 3 d、产仔少的母猪代哺，仔猪寄养前必须吃足初乳。特别注意防止母猪咬死仔猪。

（2）并窝：产仔过少的母猪，可按寄养的原则，将两窝仔猪合并为一窝，由体质好、乳量足的母猪哺育，并窝仔猪必须先吃足初乳。

4. 开食与补料 仔猪 3 日龄训练饮水，仔猪 5 日龄训练开食，将少量仔猪料撒在补料槽内，让仔猪学食，使之逐渐认料，至 15 日龄应全部开食。补料仔猪开食后，喂给人工乳 102，少给勤添，保持饲料新鲜。

5. 去势 不做种用的公仔猪于 7~10 日龄去势，体质差的猪可延后去势。

（四）仔猪的早期断奶

仔猪的早期断奶是提高母猪利用率的有效措施。在正常情况下，早期断奶一般是在 3~5 周。

断奶的时间由仔猪的采食消化能力、母猪的泌乳量和早期断奶料的价格等因素决定。从仔猪的消化酶的变化及母猪的泌乳曲线来综合地分析，仔猪在 4~5 周龄时采食所需干物质的一半的饲料，消化道中消化各种谷物酶的活性也大大提高，并超过了乳糖酶。此时母猪的泌乳量也呈下降趋势，且已经不能满足仔猪的营养需要。因此 4~5 周龄为仔猪断奶时期，在此阶段仔猪所经受的断奶应激较小，也比较容易适应。如果条件满足的话甚至可以在 2~3 周龄断奶，但往往需要辅助以人工饲喂，饲料成本较高，而且对仔猪的护理和饲养环境要求较严格，其实用性也在进一步的研究中。

二、生长育肥猪的饲养管理

仔猪饲养至 70 日龄左右，体重可达到 25 kg 左右，此时可以转入生长育肥猪舍。生长育肥舍的饲养要根据猪只的品种和阶段，合理规划饲养方案。

（一）生长育肥猪的机体蛋白和脂肪的沉积规律研究

在同一体重下，日增重越多的猪只，脂肪增加量将超过蛋白质，从 30 kg 开始，适当限制猪只的日增重，有利于获得瘦肉型的猪只和提高饲料的综合利用率。

（二）生长育肥猪的日粮和饲养

生长育肥阶段，饲粮的营养水平一定要考虑到猪只的品种特点。对于规模猪场，可以参考 NRC（1998）的标准。对于生长育肥猪，用颗粒料可提高猪只的利用率和日增重，但是制粒成本较粉料高；粉料饲喂也可以提高猪只的日增重和饲料利用率，其效果可能会相比颗粒料稍差，但减少了制粒的加工成本，生产者可根据实际的生产规模权衡利弊，进行选择。

（三）适时出栏

屠宰时间是关乎养猪经济效率的关键问题，适宜的屠宰时间取决于什么时候获得的经济效益最高。一般情况下，规模型的瘦肉型猪场，在100 kg左右出栏较为合适。育肥时间过长，不但料重比较高，而且胴体较肥。因此，选择合适的出栏时间尤为重要。

三、种猪的饲养管理

饲养好种猪是提高养猪效率的一个重要环节。对于母猪的适时发情、受胎率、产仔多少，公猪的性欲、四肢的健壮、精液量、活力等都是种猪饲养管理的工作目标。种猪的饲养既要营养充足，又要防止过肥。母猪体况过肥不易发情，繁殖年限过短，易发生难产和乳腺炎等。

（一）种母猪的饲养管理

后备种猪一般从20 kg体重起，留作种用。种用的小猪应增加运动的场地，保证适当的青绿饲料或适当的草地放牧等。公、母猪在性成熟前可在同一圈栏中饲养，有利于提高猪只的性欲；性成熟后，公、母猪要分栏饲养，但可使其经常见面，听到对方声音或嗅到味道。对于后备母猪要添加适当的苜蓿干草或其他优质的青绿饲料，以及有益于繁殖的添加剂等。

在性成熟后，如果母猪体况过肥，可减少日粮的饲喂量，过瘦的也可以适当增加日粮的饲喂量。在114 d的妊娠期中，一般采取前期84 d低营养水平的日粮，后期30 d高营养水平的日粮。青年母猪除了要保证胎儿的生长发育外，还要注重自身的生长，所以比成年的母猪需要更多的饲料。妊娠期因为要限饲，进食量只是平时自由采食时的一半左右，所以必须进行单圈饲养或单个饲喂。为了使母猪有饱腹感，要多采用低能量的青、粗饲料以增加饲料的体积，饲粮的营养浓度低，体积足够大的话可以采取自由采食的方式饲喂。

临产前几天，可适当减少采食量，给予较多的粗饲料，以便母猪通便，可用麦麸替代一般的日粮。产仔当天的10~12 h不应饲喂，只给予充足的饮水，冬季应给予温水。所以应加强管理，注意观察猪只的行为。

（二）种公猪的饲养管理

种公猪的饲养管理目标是提高猪只的配种能力，使种公猪体况适宜，体质结实，保持旺盛的性欲，精液品质优良，提高配种的受胎率。

种公猪须保持种用的体况，精力充沛、性欲旺盛，每天饲喂2次，每头日喂2.5~3.0 kg干粉料，以湿拌料的形式饲喂，根据猪只的品种、体重及采精次数等可增减日饲喂量的 10%～20%，使其自由饮水。青年公猪每周采精 2 次，成年公猪采精超过 3 次时，每天须增喂 2～3 枚鸡蛋，或在饲料中增加鱼粉的添加量。每次的投料量要适中，未吃完的料要及时清理干净，以防止霉变而影响猪只的健康。

种公猪舍内温度应保持在 16～18 ℃，相对湿度保持在 60%～70%。公猪要实行单栏饲养，要有适当的运动量，至少每周驱赶运动 1 次，每季度对种公猪进行 1 次修蹄。对猪只进行定期护理，每周刷拭 1 次，按摩睾丸 10 min，在夏季高温天气要每周洗浴 1 次。在每次采精后，要观察种公猪的行为，不让其立即趴卧在粪水中，以免影响种公猪的使用年限。

第九章　猪场的经营管理

一、人力资源管理

现代化猪场的管理者应把员工队伍的建设工作放在首要位置，重视人的因素，能培养一支责任心强、工作认真、技能过硬的员工队伍就是养猪企业的无形财富。

1. 建立健全各项规章制度　现代化猪场要根据本企业的作业条件和综合情况制定出切实可行的规章制度，并且认真监督执行。首先要求管理人员带头遵守，对违反场规、场纪的员工要根据情节的轻重分别进行处理，情节较重的除在大会上通报批评外并进行经济处罚；情节较轻的进行背后批评教育，要做到在规章管理制度面前人人平等、奖罚分明，使员工都能保持平稳的心态进行工作。

2. 生产指标的核定与工作分配原则　现代化猪场要根据本企业的工作条件和生产规模核定出各项生产指标，工资分配本着多劳多得的原则和生产指标紧密挂钩。生产指标和定额在核定时要有一个合理的基础点，要通过员工的努力工作才能达到和超额，超额部分以奖金形式每月兑现发放，对生产指标完成比较好和生产业绩较突出的员工在年终时给予相应的奖励。一个员工的工资收入应和他们的劳动付出、生产业绩成正比。员工的劳动报酬和他们的切身利益紧密相关，因此，不管企业的效益好坏，每月都要按时给员工发放工资，这样才能充分调动员工的工作积极性，使其努力地完成各自的本职工作。

3. 搞好业务培训，提高综合素质　要利用业余时间组织员工进行业务学习，要根据员工的文化基础分类培训。先从养猪的基础知识教起，内容由浅入深，通俗易懂，同时要结合生产实践，使员工们能够逐渐地掌握各类猪的饲养技术。新员工上岗前必须进行业务培训，向员工介绍企业的概况，讲解每天的工作内容，学习各项规章制度，特别是卫生防疫制度，同时学习各类猪的饲养管理技术操作规程。上岗时先由经验丰富的老员工带领，技术人员每天深入车间做现场指导，言传身教，使其逐渐适应工作环境和熟悉作业内容。另外，还要在品德方面进行教育，以提高员工的综合素质。

4. 创造良好的生活环境，丰富业余文化生活　猪场实行全封闭式日常管理，员工的工作和生活非常单调，特别是在节日期间，个别员工思想情绪波动较大，极易影响工作。因此，平时注意丰富员工的业余文化生活，同时要创造一个舒适的生活空间和良好的食宿条件。企业要设有员工娱乐室，业余时间开展文体活动。平时要多了解员工思想，发现问题及时沟通。做到有情关怀，无情管理，使员工们对企业有一种依赖性和归属感，为企业发展献计献策，提高企业的凝聚力和向心力。

5. 确定组织机构，按机构岗位定编人员　在完成日常工作任务的前提下，尽量压缩管理人员的编制，一个人能完成的工作绝不安排两个人，要杜绝人浮于事的现象。招聘员工时要双向选择，应注重应聘人员的素质，要求应聘者工作踏实肯干，吃苦耐劳，不怕脏，不怕累，热爱本职工作，具备这样素质的员工才能让管理者放心。

6. 员工文化结构　现代化猪场员工文化程度应该有一个合理的文化结构，这样既便于工作分工和协作，又便于技术应用与管理。猪场的场长或总经理应具有本科以上学历并有猪场管理工作 5 年以上经验，专职的兽医师和畜牧技术员应具有本科学历并有本职工作 3 年以上经验，各职能部门的负责人应具有中专以上学历，各车间主任应有高中以上文化程度，其他员工应具有初中文化程度。这样倒三角的文化结构，才能适应现代化养猪的需要，才能应用先进科学的饲养管理技术。

二、生产定额管理

生产定额就是规模猪场在进行生产经营过程中，对人力、物力、财力的配备、占用、消耗以及生产成果等方面规定的标准。各种计划编制的基础是各种定额，包括以下几方面内容：

1. 劳动手段配备定额　即完成一定任务所规定的机械设备或其他劳动手段应配备的数量标准。如运输工具、饲料加工机具、饲喂工具和猪栏等。

2. 劳动力配备定额　即按照生产的实际需要和管理工作的需要所规定的人员配备标准。如每个饲养员饲养的各类猪头数定额，技术人员的配备定额，管理人员的编制定额等。

3. 劳动定额　即在一定质量要求规定的单位工作时间内应完成的工作量或产量。如饲养员每天作业定额等。

4. 物资消耗定额　为生产一定产品或完成某项工作所规定的原材料、燃料、工具、电力等的消耗标准。如饲料消耗定额、药品使用定额等。

5. 工作质量和产品质量定额　如母猪的受胎率、产仔率、成活率、肉猪出栏率、员工的出勤率、机械的完好率等。

6. 财务收支定额　在一定的生产经营条件下，允许占用或消耗财力的标准，以及应达到的财力成果标准。如资金占用定额、成本定额、各项费用定额，以及产值、收入、支出、利润定额。

由上可见，生产定额是企业组织生产的工具，计算人力、物力和财力占用及消耗的依据和标准。在猪场的经营中，要确定建立健全合理的生产定额管理，才能使猪场正常运转，才能创造经济效益。

三、年度生产计划制订

现代养猪企业规模有大有小，按基础母猪数量说，少则百头，多则万头，存栏猪数量从千头到十几万头。规模化猪场的生产是按照一定的生产流程进行的，在各个生产车间栏位数和饲养时间都是固定的，各流程相互连接，如同工业生产一样，所以，应制订出详尽的计划使生产按一定的秩序进行。

猪场的生产计划最主要的是配种分娩计划和猪群周转计划。现代养猪生产高度集约化和工厂化，为了充分利用猪舍和各种设备，以降低生产成本，并能适应现代化企业大规模生产的要求，各生产环节均采用均衡生产方式，如母猪配种、分娩和其他作业均应采取均衡的并以周为单位的操作计划。

1. 周配种分娩计划　一个年产万头肉猪的养猪企业，一般有种母猪 600 头左右，母猪配种受胎率要求在 90% 以上。全年配种 1 200 胎次，平均每周配种 23 头，全年分娩 1 080 胎，平均每周分娩 21 胎，每胎产仔 10 头，全年产仔猪 10 800 头。为了保证计划的完成，大多数企业在此基础上适当增加，大体上每周配种 28 头，保证有 21～24 头母猪受胎分娩，仔猪 4～5 周断奶，断奶仔猪在分娩栏留存 1 周。

2. 周猪群周转计划　由于规模化猪场的猪群周转按小群（或按单元）连续进行，所以对整个猪群来说，每周都有部分小群发生转移。在均衡生产的情况下，从理论上说各周猪群的转移基本上是一致的，因此，在连续流水式作业的情况下，须制订出在每周不同时间的转群计划。

星期一：将妊娠猪舍产前 1 周的临产母猪调到分娩舍。分娩舍于前 2 d 做好准备工作。

星期二：将配种舍内通过鉴定的妊娠母猪调到妊娠猪舍，妊娠猪舍于前 1 d 做好准备工作。

星期三：将分娩舍内断奶母猪调到配种舍，配种舍于前 1 d 做好准备工作。

星期四：将上周断奶留栏饲养 1 周的断奶仔猪调到仔培舍，仔培舍于前 2 d 做好准备工作。

星期五：将在仔培舍饲养 5 周的仔猪调到生长育肥舍，生长育肥舍于前

1 d 做好准备工作。

星期六：生长育肥舍肉猪出栏。应该注意，在转移每一群猪时，都应该随带本身的原始档案资料。为及时掌握猪群每周的周转存栏动态情况，可采用与之相适应的生猪每周调动存栏表。本表的特点是按猪的生产流程将猪群分配至配种舍、妊娠舍、分娩舍、仔培舍、生长育肥舍，每种猪舍有一个分表，按各舍实际需要设计具体项目。将各分表联系起来，便成为企业猪群每周的周转存栏动态总表（表9-1）。这一总表既能反映出各类猪的周内变动情况，也便于与周作业计划对比。

表 9-1　猪场每周猪群周转表

舍别	存栏猪群情况	___周	___周	___周	___周
配种舍	周始存栏数（公/母）				
	断奶母猪转入				
	空怀/流产（母猪）转入				
	未断奶母猪转入				
	后备母猪转入				
	第一次配种/复配				
	死亡（公/母）				
	淘汰（公/母）				
	周末存栏数（公/母）				
	转入妊娠舍				
妊娠舍	周始存栏数（公/母）				
	从配种舍转入				
	转入分娩舍				
	空怀/流产				
	死亡/淘汰				
	周末存栏母猪数				

续表

舍别	存栏猪群情况	___周	___周	___周	___周
分娩舍	周始存栏数（公/母）				
	从妊娠舍转入				
	空怀/未断奶母猪				
	母猪死亡/淘汰				
	分娩母猪数				
	出生活存栏数/死胎				
	断奶母猪/断奶仔猪				
	转入仔培舍				
	周始哺乳仔猪/哺乳死亡				
	周末存栏母猪/仔猪				
仔培舍	周始存栏数				
	从分娩舍转入				
	转入生长育肥舍				
	死亡/淘汰				
	周末存栏数				
生长育肥舍	周始存栏数				
	从仔培舍转入				
	出售肉猪/中猪				
	死亡/淘汰				
	周末存栏数				

四、猪场全年技术工作安排

现代化养猪生产的管理者必须制订严密的工作计划，妥善安排日常工作。每天除日常饲养管理外，还要对转群、配种、妊娠检查、消毒防疫、设备维修等工作做好细致的安排，随时掌握生产情况，保证产前、产中、产后各环节的有序生产。全进全出工艺流程是以一周为一期，每周工作提示如表9-2所示。

表 9-2　猪场每周工作提示

日期	配种、妊娠舍	分娩舍	保育舍	生长育肥舍
星期一	日常工作；大清洁、大消毒；淘汰猪鉴定	日常工作；大清洁、大消毒；临断奶母猪淘汰鉴定	日常工作；保健针注射	日常工作；大清洁、大消毒；淘汰猪鉴定
星期二	日常工作；接收断奶母猪；整理空怀母猪	日常工作；断奶母猪转出；断奶仔猪转出；空栏冲洗消毒	日常工作；接收断奶仔猪；保育结束仔猪转出；空栏冲洗消毒	日常工作；接收保育结束仔猪；空栏冲洗消毒
星期三	日常工作；不发情、不妊娠母猪集中饲养，进行驱虫、催情、免疫注射	日常工作；驱虫、疫苗注射；仔猪保健针注射	日常工作；驱虫、疫苗注射	日常工作；驱虫、免疫注射；后备种猪疫苗注射
星期四	日常工作；大清洁、大消毒；调整猪群	日常工作；大清洁、大消毒；仔猪去势、补血	日常工作；大清洁、大消毒；病弱仔猪隔离护理	日常工作；大清洁、大消毒；调整猪群
星期五	日常工作；临产母猪转出	日常工作；更换消毒池药液；接收临产母猪，做好分娩准备	日常工作；更换消毒池消毒液	日常工作；更换消毒池消毒液；空栏清洗消毒
星期六	日常工作；空栏冲洗消毒	日常工作；出生仔猪剪牙、断尾、补血、打耳号等	日常工作；仔猪强弱分群	日常工作；出栏猪鉴定
星期日	日常工作；妊娠诊断、复查；设备检查维修；周报表	日常工作；设备检查维修；清点仔猪数；周报表	日常工作；设备检查维修；清点仔猪数；周报表	日常工作；设备检查维修；存栏猪清点；周报表

五、猪群档案与生产记录

完善的生产记录是猪场生产管理、育种不可缺少的部分，也是猪场制订计划、发展生产等各项经济技术活动的重要依据。

（一）种猪的档案

1. 公猪的档案　公猪的档案有配种情况、采精记录、精液情况，包括活力密度等。由配种舍负责人记录。

2. 母猪的档案　母猪的档案有配种记录，包括发情日期、配种日期、与配公猪、返情日期、预产期等。由配种舍负责人记录。

3. 测定数据　留种的公猪和母猪应在不同阶段（可在 30 kg、50 kg 和 100 kg 三个阶段）进行测定，作为育种工作的依据。测定内容包括体重、背膘厚等数据，从而计算出日增重、日采食量和料重比等指标。由育种人员负责测定记录。

4. 产仔记录　产仔记录包括产仔日期，产仔总数、正常仔数，畸形、弱仔和木乃伊胎头数，初生重，断奶日期等。每头仔猪出生后做好编号，输入档案，形成猪的系谱。由产房负责人或产房专门编号员记录。

（二）疾病记录

1. 病原的记录　记录本场存在哪些病原，即以往猪场内发生过什么疫病，该疫病病原是什么，根据其特点现在是否还有可能存在于猪场内，其一般感染何种猪群、感染的时间，该病原的抗药性、有何预防药物。由兽医室负责人记录。

2. 用药记录管理　记录好本场常用哪些药物，每种药物用药剂量，每次使用效果如何，是否做过药敏试验。由兽医室负责人记录。

3. 种猪的疾病管理　建立种猪的健康档案，记录其每次发病、治疗、康复情况，并对康复后公猪的使用价值进行评估。由兽医室负责人记录。

记录种猪的免疫接种情况，每年接种的疫苗种类、生产厂家、接种时间、当时的免疫反应及抗体监测时的抗体水平。由兽医室负责人记录。

记录母猪是否发生过传染病，是否有过流产、死胎、早产，是否有过子宫内膜炎，是否出现过产后不发情或屡配不孕及处理的情况。由配种舍负责人记录。

（三）猪群动态记录

记录各猪舍的猪群变动情况，包括出生、入栏、出栏、淘汰、出售和死亡等情况。由各猪舍饲养员负责记录。

（四）配料记录

配料记录包括饲料品种、配料计划、配料日期、数量、投药情况、出仓记录等。由配料车间负责人记录。

（五）生产报表

各生产线、各猪的猪群变动情况，包括存栏、入栏、出栏、淘汰、出售和死亡等情况。母猪舍还包括产仔胎数、头数、仔猪情况等。由各生产线负责人或各猪舍小组长负责统计。每周、每月、每季、每年都要进行一次全面的统计。

（六）生产记录分析处理的方法

规模猪场可设一个专职信息管理员，负责制订各种生产登记表格，由管理员对所有的生产记录进行收集、整理，并进行核对。根据书面材料建立电子档案以方便保存和查阅，并且按时进行统计及提供有关的报表给猪场管理层和具体的负责人员。

选择较好的猪场管理软件，将生产记录中的数据录入，对猪场的种猪生产成绩、生产转群、饲料消耗、兽医防疫和购销情况等工作进行全面的分析，从而安排好猪场的日常工作计划、育种工作和配种计划，提高猪场的工作效率。

六、猪场生产情况分析

在猪场生产管理中，经常对猪场进行生产情况分析，有助于提高生产管理水平，增加经济效益。

（一）猪场生产情况主要分析指标

母猪群平均胎次：3.5 胎。

断奶母猪体况≥2.5 分。

母猪群分娩率≥85%。

每头母猪年上市商品猪数≥20 头。

母猪群年产胎次≥2.15。

母猪群平均窝产活仔数≥10.5 头。

仔猪初生重≥1.3 kg。

生长猪群成活率≥90%。

商品猪 100 kg 上市天数≤160 d。

增重成本≤每千克 10.00 元。

（二）后备母猪的初配情况分析

后备母猪的初配情况分析详见表9-3。

1. 对后备母猪培育评价　初产活仔数，最低要求是整窝不产死胎、木乃伊胎。

2. 对初产母猪饲喂要求　断奶时体况达到 2.5 分以上，断奶后 7 d 内发情，第二胎的产活仔数高于第一胎。

3. 增加初次产仔数的办法　一是用结扎的公猪诱情，允许诱情公猪和小母猪交配；二是配种前短期优饲。

表 9-3　后备母猪的初配情况分析

评价项目	良好指标	一般指标	警戒水平
引种体重（kg）	0~50	70	≥90
诱情日期（d）	165	186	207
初配日期（d）	210~230	—	<210 或>240
初配体重（kg）	≥130	≤110	≤95 或≥150
初配体况（分）	2.5~3.0	2.0	<2 或>4
初配背膘厚（mm）	16~22	10~15	<10 或>23
初配情期（d）	2~3	1	<1 或>3
配前优饲天数（d）	10~14	7	0
初产目标（头）	11.0	10.2	≤9.5

（三）经产母猪配种情况分析

母猪群体况关系到母猪断奶后到发情配种的间隔和非生产天数（NPDS）；体况评定 1~2 分为瘦，2.5~3.5 分为正常，4.0~5.0 分为肥胖。母猪妊娠 90 d 为 3.0~3.5 分，断奶时为 2.5~3.0 分。母猪断奶时体况过瘦，会推迟母猪断奶后再发情甚至不发情，减少下一胎次的产活仔数和增加淘汰概率。判断母猪断奶时体况过瘦，主要衡量指标是母猪断奶后 7 d 内再发情配种率<90%，这是一个非常重要的评估指标。断奶至再发情配种间隔延长，会增加母猪的非生产天数，导致母猪的分娩率下降或年产胎次减少。

母猪群的分娩率、年产胎次，直接影响仔猪的生产总量。分娩率低时，首先要区分是规则返情，还是不规则返情；其次要尽快找出返情的母猪。分娩率低是因受胎失败（常规返情）或妊娠失败（不规则返情）造成的。经产母猪配种情况分析见表 9-4。

母猪群胎次比例失调、问题母猪多，是窝产活仔数少、分娩率低的主要原因。母猪常年的返情率应在 6%~12% 波动，流产率应在 1%~3% 波动，而且要求母猪分娩时死胎、木乃伊胎的记录正确。判断母猪分娩正常的主要衡量指标是分娩率≥85%，窝产死胎、木乃伊胎率≤8%，初生重≥1.30 kg。

表 9-4　经产母猪配种情况分析

评价项目	良好指标	一般指标	警戒水平
断奶母猪体况（分）	2.6~3.0	<2.5	≤1.5 或≥4.0
母猪群平均胎次（胎）	3.5	—	≤2 或≥5

续表

评价项目	良好指标	一般指标	警戒水平
母猪群年更新率（%）	25	—	≤15 或 ≥40
返情率（%）	8	10	≥12
流产率（%）	1~2	3	>3
空怀率（%）	1	2	>3
分娩率（%）	≥88	85	≤80
年产胎次（胎）	2.25	2.15	≤2.1
断奶再配间隔（d）	4~7	8~14	≥20
断奶7d配种率（%）	≥90	85	≤80
产仔周期间隔（d）	162	170	≥174

（四）经产母猪产仔情况分析

初生重决定和影响仔猪的死亡率、断奶重和上市重；仔猪初生重与猪场效益成正相关。经产母猪产仔情况分析详见表9-5。

表9-5 经产母猪产仔情况分析

评价项目	良好指标	一般指标	警戒水平
初生重（kg）	1.5	1.3	≤1.1
窝产活仔数（头）	11.0	10.2	≤9.5
窝产死胎、木乃伊胎率（%）	≤8.0	10.0	≥14.0
断奶前仔猪死亡率（%）	5.0	7.0	10.0
泌乳母猪最高采食量（kg）	≥6.5	6.0	≤5.0
断奶日龄（d）	21~28	—	<21 或 >28
21d断奶重（kg）	6.5	6.0	5.5
断奶仔猪（母猪/年）（头）	≥22	20	≤18

（五）保育（育肥）猪生长情况分析

对保育猪，断奶体重小、断奶冷应激、不同窝仔猪、不同健康水平的仔猪混群会增加发病率，使疾病难以控制。提高仔猪断奶重，提供合适的断奶温度（26~28℃），减少混养，采用断奶药物保健措施，是断奶仔猪不消瘦、提高采食量和促进增重的关键措施。

对育肥猪，饲养密度大、食槽拥挤、卫生差、通风不良，会增加感染率，整齐度变差，影响生长性能。饲养的最大成本是饲料，育肥猪的饲料成本占了饲料增重成本的70%，饲料消耗最大的是用于维持需要，因此提高生长速度，减少维持消耗，是获得效益的关键。育肥猪管理的核心任务就是评估育肥猪的周采食量、生长性能和上市日龄，使育肥猪的生长速度最大化。保育（育肥）猪的生长情况分析见表9-6。

表9-6 保育（育肥）猪生长情况分析

评价项目	良好指标	一般指标	警戒水平
保育期死亡率（%）	1.0	1.5	2.0
育肥期死淘率（%）	2.0	3.0	≥4.0
全程死亡率（%）	8	12	≥15
60日龄保育转群重（kg）	22	20	≤18
商品猪出栏重（kg）	105	100	≤90
100 kg上市天数（d）	<160	165	≥175
0~100 kg日增重（g）	650	600	560
20~100 kg日增重（g）	800	760	700
0~100 kg饲料报酬	1:2.4	1:2.7	1:2.9
全场饲料报酬	1:2.9	1:3.2	1:3.4

七、计算机技术在畜牧业中的应用

随着科技工作者设计的适合于畜牧业的应用软件的产生，计算机软件在企业管理中所发挥的巨大作用逐渐显露出来。为了推动计算机在畜牧生产中的应用，本文简要介绍计算机在猪场管理中的应用。

1. 全场的监控 为了了解场内情况，便于发现问题及时采取对策，在猪场管理中生产报表和每周的例会是必做的工作。上层领导掌握的信息多来源于基层汇报，这必然存在反映情况不及时、不全面甚至失真的情况。如果使用计算机就可避免此类事情的发生，让录入员将场内原始数据输入计算机，由计算机软件来自动统计分析，并以报表和图形形式打印出来，让领导真正了解到哪些猪健康状况不佳、哪些猪没有及时配种、哪些猪应该淘汰及产品销售、全场盈亏等诸多信息。

2. 工作的安排 猪场中的种猪管理非常繁杂，往往只有饲养员或配种员才知道每头种猪的状况。如果用计算机软件来管理，只需要将每头母猪最初的状况输入计算机，以后随着时间的变化，计算机都能告诉我们每天每头母猪的状况，如哪些猪应该及时配种、哪些猪应该防疫、哪些猪要产仔等，这样能让更多人知道最近要做的工作。

3. 种猪的系谱管理　计算机不仅能保存每头种猪的系谱档案，更重要的是还提供了系谱的分析，通过分析帮助确定种猪的性能、仔猪的家系选择，帮助完成选种选配工作，帮助生成新生仔猪的系谱等。

4. 种猪的性能分析　选优汰劣能不断提高养猪生产水平，然而，选优汰劣的工作在实施时并不容易。如果通过计算机软件，自动计算出每头种猪的性能，再根据某些指标或综合指标进行排序，场内劣质种猪就会越来越少。

5. 猪群的保健　记载所有猪的全部病史、防疫医疗措施，通过猪群抗体分析把握猪群的抗病能力，通过死亡淘汰数据分析找出主要的致病因素。

6. 购销管理　计算机能保存所有供应商和客户的档案资料、每一次采购或销售的记录，而且能提供各种购销统计报表，还能分析原料和产品的价格变化情况，分析各客户、各销售区、各销售人员的购销变化情况，通过排序进行比较。

第十章　猪群健康与疾病预防

一、猪群健康与保健

（一）猪场的健康管理

猪群的健康要从猪场建设到饲养各个环节均做到精细化管理，形成特有的猪群健康管理模式。

1. 布局合理、设施齐全的猪场建设　猪场的选址充分考虑地理位置、周边环境、空气流向、水源等条件，猪场建设结构合理，经济实用，且达到了猪群的环境福利要求。猪舍全部采用小单元、净污道分离的设计模式，下水道采用舍内封闭式粪道；猪舍供暖设备齐全，圈舍保温采用地面供热系统和暖风炉供热系统相结合的方式；通风降温采用纵横向联合通风和水帘降温模式，且安装房顶式自动排气设备。

2. 严格的生物安全体系　生物安全体系包括：严格控制人员和物资的进入，且制定了细致的进场人员及物资的消毒程序；根据场内不同区域的特点及生物安全要求，对场内生产区、生活区等制定科学的清洁、消毒程序；无害化处理生产垃圾，如胎衣、粪便等；定期进行灭鼠、灭蚊蝇等工作。

3. 科学的饲养管理制度和猪群福利管理　实行"全进全出"，分阶段饲养的管理制度，配合"七阶段饲料"的饲养模式，使猪群在不同阶段得到最科学合理的营养供给；随时监控圈舍内温湿度、氨气、空气粉尘等情况，保持圈舍内适宜的环境；控制猪群饲养密度，保证各阶段猪群足够的活动空间、适当的设施；在日常饲养管理中，尽量减少应激；加强疾病的预防和建立快速的疾病诊疗手段，使猪群免于疾病的痛苦和伤害。

4. 科学合理的免疫、保健程序及严格的检测程序　在充分考虑猪群结构、生产周期、季节、当地疫情等因素的情况下，建立科学合理的免疫程序及保健程序。同时，定期对猪群的抗体进行实验室检测，根据检测情况和抗体水平，调节免疫程序，每年制订免疫计划，并按程序进行免疫。完善的兽医诊断及实验室疾病监测体系，定期监测及预警，提高猪场疾病防控能力。对细菌性疾病进行实验室诊断和药物敏感实验，提供疫病防控指导。

5. 专业化的员工管理及培训　给猪场员工提供专业培训，且制定各种规章制度，用培训提高技能，用制度规范生产。做好不同阶段猪群的生产等记录，建立猪群疾病防控的可追溯体系。强化员工的健康猪群管理理念。

（二）猪群的保健管理

为了保证猪群有较高的健康水平，必须采取各种主动措施，防患于未然。

1. 场址选择与建筑物布局　场址选择与建筑物布局要重点考虑切断疫病的传播途径。猪场场址应选择地势高燥、背风、向阳、水源充足、水质良好、排水排污方便、无污染、供电和交通方便的地方，并远离铁路、公路、城镇，离居民区 500 m 以上，离屠宰场、畜产品加工厂、垃圾场及污水处理场所、风景区 1 000 m 以上，周围建有围墙或防疫沟。场址最好设置于种植区内，有利于种养结合，形成良性的生态循环。猪场的建筑物布局既要考虑生产管理方便，又要避免猪、人、饲料、粪便等的交叉污染。猪场的生活区与生产管理区、生产区、隔离区要严格分开。

2. 创造良好的居住环境　良好的居住环境和高水平的饲养管理不仅可以提高猪只生产性能，而且也是提高猪群健康水平、增强猪群抗病力、降低猪群易感性、预防传染病发生的积极主动措施。因此，平时应保持圈舍清洁舒适，通风良好，冬季保温防寒，夏季凉爽防暑。合理制定并严格执行各类猪的饲养管理规程，提高猪群的健康水平。

3. 坚持自繁自养　猪场频繁到各地引种，极易将各种病原引入本场，同时，由于新引猪与原有猪对不同病原体的易感性可能不同，极易暴发传染病。因此，猪场应坚持自繁自养，尽可能少引或不引种，特别对于种源缺乏或不稳定的地区更应如此。

4. 精选种源　引种检疫为防止引种猪带来传染病，需由特定猪场的健康猪群提供引进猪只，而不应由几个不同的猪场或猪群提供。同时，引种前必须详细了解该猪场猪群的健康状况，并要求猪场满足如下条件：一是确定有可靠的免疫程序，二是有良好的供应历史，三是保证没有特定的传染病。另外，引种时应进行检疫，引入猪不应有猪瘟、伪狂犬病、传染性胃肠炎、流行性腹泻、疥癣等病。引种后还应进行隔离观察 2~3 个月，检疫合格后才可与原猪群合群。

5. 隔离饲养　隔离饲养又叫多隔离点生产，是国外商品猪生产用的越来越多的一种健康管理系统。这种系统的基础是将处于生命周期不同阶段的猪养在不同的地方。多点养猪时，生产过程划分为配种、妊娠和分娩期、保育期、育肥期。可将这些处于不同阶段的猪放在三个分开的地方饲养，距离最少在500 m 以上。也可采用两点系统，即配种、妊娠和分娩在一个地方，保育猪和育肥猪在一个地方。采用这一方法宜采用早期断乳（10~20 日龄），并在每次搬迁隔离前对猪群进行检测，清除病猪和可疑病猪。这样有利于消灭原猪群中存在的病原体，防止循环感染。隔离饲养结合全进全出更好。全进全出即同批猪同期进一栋猪舍（场），同期出一栋猪舍（场），猪全部调出后，经彻底清扫消毒并空闲一周后再进下一批猪。这样可以消灭上批猪留下的病原体，给新进猪提供一个清洁的环境，进一步避免循环感染和交叉感染。同时，同一批猪日龄接近，也便于饲养管理和各项技术的贯彻执行。

6. 卫生消毒　消毒就是杀灭或清除传染源排到外界环境中的病原微生物。其目的是切断传播途径，阻止动物传染病的传播和蔓延。不同传染病的传播途径不尽相同，消毒工作的重点也就不一样。主要经消化道传播的传染病，如猪瘟、猪肺疫、口蹄疫、仔猪副伤寒、猪传染性胃肠炎、大肠杆菌病等，是通过被病原微生物污染的饲料、饮水、饲养工具等传播的，搞好环境卫生，加强饲料、饮水、地面、饲槽、饲养工具等的消毒，在预防该类传染病上具有重要意义。主要经呼吸道传播的传染病，如猪气喘病、萎缩性鼻炎、流行性感冒等，病猪在呼吸、咳嗽、打喷嚏时将病原微生物排入空气中，并污染环境物体的表面，然后通过飞沫、飞沫核、尘埃，借助于空气传给健康动物。为了预防这类传染病，对污染的猪舍内空气和物体表面进行消毒具有重要意义。一些接触性传染病，如猪痘、猪气喘病等，主要是通过健康猪的皮肤、黏膜的直接接触传播的，控制这类传染病可通过对动物皮肤、黏膜和有关工具的消毒来预防。某些蚊蝇等昆虫传播的传染病，如乙型脑炎、猪丹毒等，鼠类等动物传播的传染病，如沙门菌病、钩端螺旋体病、布鲁杆菌病、伪狂犬病等，这些传染病的预防必须采取杀虫灭鼠等综合措施。对不属于特定传染病的病原微生物引起的一般外科感染、呼吸道感染、泌尿生殖道感染，虽然没有特定的传染源，但其病原体都来自外界环境、自身体表或自然腔道等。为预防这类感染和疾病的发生，对外界环境、猪体表及腔道、畜牧生产和兽医诊疗的各个环节采取预防性消毒也是非常必要的。

7. 免疫接种　免疫接种是激发猪只机体产生特异性抵抗力，降低猪易感性的重要手段，是预防和控制猪传染病发生的重要措施之一。对某些传染病，如猪瘟等，免疫接种更具有关键性的作用。所以猪场应严格按照免疫程序进行免疫接种。

8. 猪场禁养其他动物　猪场严禁饲养禽、犬、猫等动物，猪场食堂不准外购猪只及其产品，职工家中不准养猪。

9. 杀虫灭鼠　虻、蝇、蚊、蜱等节肢动物都是家畜疫病的重要传播媒介。因此，杀灭这些昆虫，在预防和扑灭猪疫病方面有重要意义。鼠除了破坏建筑、偷吃饲料外，还是多种人畜传染病的传播媒介和传染源，因此，灭鼠对于防病灭病和提高经济效益具有重要意义。

10. 病猪尸体及粪便处理　因患传染病而死亡的病猪尸体含有大量病原体，是散播疫病最主要的祸根之一。对病猪尸体的处理是否妥善，是关系到猪传染病能否迅速扑灭的一个重要环节。因此，对病猪应严格进行检查，尽快确诊，及时送隔离室。需要剖解的死猪及时送到解剖化验室，经兽医剖检后，认为是传染病或疑似传染病的死猪不能随便乱扔，更不能食用或拿到集市上出售，以免散播疫病或发生食物中毒。通常的处理办法是烧毁、深埋或化制后作为工业原料。

11. 猪场管理　猪场应有明确、完善的兽医卫生防疫制度，并有专人负责，严格执行。

二、猪群的管理与疾病控制

（一）免疫

猪场应通过定时接种疫苗、有计划地主动攻毒和精确的生产流程管理，将保护性免疫作为有利于保持猪群健康和快速生长的管理措施。

免疫可以是先天性的，即猪正常的机体防御系统能抵抗某些影响其他动物的疾病。免疫也可以是后天性的，通过主动或被动方式获得。

主动免疫是动物受到抗原（例如细菌或病毒）的刺激获得的。动物对抗原刺激做出反应，产生能中和致病微生物的抗体。这些保护性抗体存在于血液、分泌物和乳汁中。抗体在初乳中浓度特别高。

被动免疫是乳猪生后最初24 h通过吸吮初乳获得的。这些抗体是其母亲产生并通过富含抗体的初乳传递给仔猪的。仔猪出生后最初24 h内这些母源性抗体可以通过肠壁直接被吸收。24 h后仔猪血液中母源性被动抗体达到最高浓度，此后母源抗体水平立即开始下降，3周以后母源性抗体可能已降至抗病水平以下。

被动免疫也可以通过注射抗血清获得。抗血清是从主动免疫猪体收集获得的。可以通过注射抗血清或1日龄内口服来获得被动免疫力。被动免疫只有短期（几天或几周）的保护力，而主动免疫保护力要长得多，某些情况下是终身的。

战略性有计划地攻毒或合理地使用疫苗能够增强所需的主动免疫力。例如给配种前的年轻后备母猪接触细小病毒，使后备母猪感染该病毒以产生终身性免疫力，而对其无任何危害。另一种办法是给配种前的后备母猪注射细小病毒灭活苗，但这种疫苗不能产生终身免疫力，每次配种前都必须注射疫苗，除非它们接触了活的野毒。

疫苗接种并不等于免疫。接种仅仅是注射疫苗，只有猪对接种的疫苗产生足够的抗体才有免疫力，疫苗接种后并非100%的猪都能产生免疫力，因为有许多因素影响免疫系统的反应力。母源性抗体可能干扰疫苗接种效果，动物个体对疫苗接种的反应也有个体差异。

利用免疫的健康管理程序，隔离早期断奶、药物早期断奶、年龄隔离断奶和多点式生产方式，都是为了控制和消灭特定的猪病而设计的生产管理技术，以实现猪的最佳生物学性能和经济性能。这些管理技术是有价值的工具，很快被养猪业广泛采用。该程序发挥了高峰母源抗体保护仔猪的最大作用，这些仔猪在被动的母源抗体衰减到失去保护力前被隔离开来。

早期断奶程序是随英国剑桥大学汤姆·亚历山大博士建立的药物早期断奶技术而发展起来的。药物早期断奶的目的与隔离早期断奶一样，都是为了消灭猪场的特定疾病，这些方法没有猪群清场和剖腹产猪群重组程序花费大。药物早期断奶原先的做法是将怀孕晚期处于最佳免疫状态的经产母猪移出猪群，送到隔离的产仔房中，投给药物。小猪在 5 日龄断奶，转移到隔离猪场，针对特定病原，大量投给药物。主攻的病原体是引起肺炎的胸膜肺炎放线杆菌、副猪嗜血杆菌、多杀性巴氏杆菌、猪痢疾密螺旋体和伪狂犬病病毒。药物早期断奶程序，已被证明是成功扑灭上述疾病感染猪场的一项管理计划。

最近，药物早期断奶程序已被改进，母猪不必从原猪群移出，小猪断奶日龄延长，一般在 10~21 d。

改进的早期断奶技术的基本前提是母猪产生很高的初乳抗体，能保护仔猪抵抗猪群中的疾病。母猪产前接种疫苗能提高初乳抗体水平。此外，仔猪断奶前，不要接触常见的致病微生物，并给仔猪使用大量抗菌药物，以预防或消灭逃脱抗体杀灭作用的其他病原菌。

改进的药物早期断奶程序可以清除的疾病和病原有：胸膜肺炎放线杆菌、多杀性巴氏杆菌、猪肺炎支原体、副猪嗜血杆菌、产气荚膜梭菌、猪痢疾、萎缩性鼻炎、传染性胃肠炎、伪狂犬病、钩端螺旋体病、细小病毒和流感。

1. 改进的药物早期断奶　下面举例说明改进的药物早期断奶程序，包括以下药物投放和疫苗注射。

（1）产前 5 周和 2 周，母猪和后备母猪注射疫苗预防以下病毒：支气管败血性波氏杆菌、胸膜肺炎放线杆菌、产气荚膜梭菌、猪丹毒杆菌、副猪嗜血杆菌、猪链球菌、多杀性巴氏杆菌、埃希氏大肠杆菌、传染性胃肠炎、轮状病毒。

这种广泛的疫苗注射将提高初乳免疫力，从而保护仔猪抵抗这些疾病。

（2）产前 10 d 给母猪和小母猪投服伊维菌素。

（3）产前 5 d 给母猪投服长效土霉素。

（4）给 1 日龄仔猪注射铁制剂、伊维菌素、长效土霉素。

（5）给 7 日龄仔猪注射伊维菌素。

（6）断奶前连续 3 d 给仔猪注射头孢菌素和恩诺沙星。

（7）仔猪断奶时，连续 5 d 在饮水中投放硫酸黏杆菌素。

根据要消灭的疾病、猪场规模、可利用的设备和劳动力等情况，上述程序可做许多变动。

改进的早期药物断奶是耗费劳力的程序，而且它对想消灭的疾病不一定都成功。有些细菌比较难以消灭，有些病原菌所产生的初乳被动抗体保护水平不高，或者产后第一天吸收的初乳抗体下降到无保护力的水平。在这种情况下，受到大量微生物攻击时，超过了母源抗体保护能力从而发生疾病。猪链球菌是无法清除的，而副猪嗜血杆菌只在断奶猪投服大量药物时才能保护不受其侵害。

每种疾病都具一种特征性的抗体保护模式、与微生物接触的时间和受到攻击的模式。为了决定仔猪能否早期断奶和混养，Wiseman（1992）等对 10、15 和 20 日龄时断奶仔猪是否能用改进的药物早期断奶程序来排除病原体进行了试验。结果发现药物早期断奶 10 日龄断奶猪除猪链球菌和传染性胃肠炎血清学阳性外，没有其他的病原微生物。15 和 20 日龄断奶猪感染了支气管败血波氏杆菌、副猪嗜血杆菌和多杀性巴氏杆菌（D 型、不产毒素）。这些结果说明如果早期断奶猪饲养在高度卫生的环境里，这些来源不同的猪可以混养。如果要消灭支原体，猪应在 2 周龄或以前断奶；在 3 周龄或 4 周龄断奶，可以成功地消灭伪狂犬病。

副猪嗜血杆菌、猪链球菌、弯杆菌、大肠杆菌和轮状病毒不一定能被消灭。如果在分娩和哺乳期发生猪繁殖–呼吸综合征、传染性胃肠炎，这两种病将不能被消灭。但是，健康状况的总体改善，生长速度和饲料报酬大大增加，证明改进的药物早期断奶所花费的代价和劳力是值得的。在 Harris（1990）试验中，改进的药物早期断奶猪在 77 日龄时比常规饲养猪重 15 kg；在 Johnson（1992）试验中，63 日龄时，多增重 17.4 kg（表 10-1）。

表 10-1 药物早期断奶、隔离早期断奶和常规饲养猪的生长性能

项目	10 日龄	35 日龄	63 日龄
药物早期断奶猪	3.23 kg	11.92 kg	31.00 kg
隔离断奶猪	2.80 kg	10.44 kg	27.46 kg
常规饲养猪	2.80 kg	7.18 kg	17.44 kg

2. 隔离早期断奶 兽医们对母猪和仔猪使用如此大量药物的必要性提出了疑问。如果仔猪早期断奶并移至远离怀孕–分娩群，是否也能获得同样的利益呢？隔离早期断奶就是用于这种管理程序的术语。断奶年龄、严格的生物学安全措施、营养和隔离是早期断奶成功的关键。

（1）断奶日龄：隔离早期断奶的重要步骤是决定断奶日龄，如同药物早期断奶一样，隔离早期断奶技术的基本依据是母猪产生很强的初乳抗体，这种抗体能够保护仔猪在繁殖群期间抵抗疾病。应根据猪群特异性疾病存在的情况和期望的健康状况决定断奶日龄。断奶日龄和疾病保护之间的关系见表 10-2。

表 10-2　疾病与其相应的断奶日龄

断奶日龄（d）	疾病名称						
	猪链球菌病	副猪嗜血杆菌病*	支原体病	波氏杆菌病	多杀性巴氏杆菌病	胸膜肺炎放线杆菌病	病毒病**
<14	+	+	－	+	－	－	－
14~21***	+	+	±	±	±	±	－
>21	+	+	+	+	+	+	－

* 断奶时可用抗生素控制。

** 根据疫苗接种和疾病存在情况分离结果不一。

*** 微生物可以从少量猪分离到，这对大批猪断奶或饲养在应激环境中的仔猪十分重要。

Clack（1995）的研究指出，如果母猪在分娩期间不排出病毒，14 日龄断奶的仔猪只带繁殖猪群血清型的猪链球菌和副猪嗜血杆菌。Amass（1995）等发现，仔猪早在 1 日龄时就感染猪链球菌。猪感染致病性链球菌时可注射青霉素。如感染副猪嗜血杆菌可连续 3 d 注射敏感的抗生素或在饮水中投药。猪群中存在其他致病性微生物时可被母源性被动抗体控制。

（2）隔离：隔离早期断奶程序是将健康仔猪移至一个卫生、感染危险极小的猪舍。猪在 7 d、14 d 或 21 d 断奶，然后移到一个清洁、温暖、干燥并与其他猪完全隔离的无贼风的猪舍内。

多点式生产是隔离早期断奶程序的重要部分，是一项管理技术。这项技术需要将早期断奶仔猪与其他仔猪隔离开，以防传染。两点式生产指分娩-妊娠在同一处，而培育-生长-肥育在另一个分开的隔离地点的系统。更可取的三点式生产做进一步隔离，将生长-肥育与培育隔离开。一些生产者将培育-生长阶段放在一起，而与肥育隔离开。各点之间的隔离距离不等，理想的距离在 3~5 km 及以上。但是最新研究表明，100 m 可能也是合适的隔离距离。一个猪场内两种猪舍最好隔得尽可能远些。有些猪场面积太小或相邻的猪场靠得太近，不适宜做多点式生产。

（3）营养：为早期断奶猪配置新的复杂日粮使多数生产者能够采用隔离早期断奶技术，这些营养浓缩的日粮含有乳糖、喷雾干燥猪血浆粉、血粉、乳清粉、赖氨酸、蛋氨酸、少量的大豆粕。日粮的价格虽然贵，但喂量少，而且在猪群离开培育猪舍前饲料密度频频变动。这些复杂日粮必须保持新鲜，刚刚早期断奶的仔猪一天需喂几次，比迟断奶猪增重好，死亡损失小，生产性能大大改变，缩短上市时间，使得商业猪场很快采用了早期隔离断奶管理程序。早期隔离断奶猪比常规断奶猪的性能好，可能是早期断奶猪带有的疾病少，从而能将更多的营养转化为肌肉。如果没有疾病干扰，它们更能达到遗传潜能生产水平。

（二）生物安全

一旦决定在一个猪场采用隔离早期断奶程序，应该立即执行严格的生物安全措施。当隔离组仔猪从分娩舍转移到培育舍，最终转至生长-肥育区域时，必须高度警惕，防止病原体侵入高度健康状态的猪群环境中。这些早期断奶猪对感染十分敏感。下列是必须执行的一些最常见最必需的生物安全措施：

（1）养猪的房间必须用高压水龙头彻底冲洗干净，房间内使用的所有工具，如电扇、饲槽、扫帚等都必须洗净。

（2）所有房间必须用能杀死猪主要病原体的广谱消毒剂消毒。

（3）房间互相不通连，使较大的猪与小猪之间不交叉污染。不鼓励在猪舍下面建粪池。

（4）当不同日龄猪饲养在同一处（养在不同房间），需要连续打扫和饲喂时，应该优先打扫或饲喂健康状态最好的猪（常是最年幼的）。工人衣服和鞋子未适当冲洗和消毒前不应该穿回到年幼猪圈。

（5）工人进猪舍必须总是穿干净衣服和靴子，与肥育猪或种猪接触的工人进入早期隔离断奶猪舍或生长-肥育猪舍前必须洗澡。

（6）一切非必要人员不得进入猪场，参观者必须遵守上述注意事项。

（7）保证猪场工作人员不与外界猪群接触。

（8）离其他猪舍越远越好，早期隔离断奶猪舍应该建于母猪舍上风至少100 m处，因为这些猪仅在它们各自的猪圈内养3个月，这个隔离距离对保持生长猪的健康状态是符合要求的。增加繁殖猪舍与仔猪舍之间的隔离距离可以减少疾病传播的危险。这个距离应根据猪场具体情况而定。

（9）采取积极措施控制鼠类、苍蝇和流浪动物。当存在鼠类时，应用灭鼠药或防鼠猪舍消灭和控制它们。

（10）外界车辆（如运饲料和死猪化制炼油车）不准进入猪场，除非经过清洗消毒。

（11）死猪应放在猪舍外让化制炼油车带走，或尽快处理掉。

（12）卸下车的设施最好放在猪舍预防带区。

（13）猪舍周围应有篱笆以隔离不必要的来访者、宠物和野生动物。

（14）进入种猪群的所有猪须事先隔离 30~60 d。

这些建议的生物安全措施不仅适用于隔离早期断奶程序，也适用于任何年龄隔离饲养猪。任何降低猪群生物安全的做法，都将增加暴发疾病的危险和失去隔离程序生产性能的优越性。

Purdue 大学研究说明，隔离早期断奶由于减少了上市天数而提高了生产力，提高了饲料转化率和降低了死亡率。在一项研究中，一组同一来源的 400 头隔离早期断奶猪 136 d 就达到 105 kg 体重。200 头同一来源的未隔离早期断奶猪需 179 d 才达到相同上市体重。从后者猪群中已诊断出伪狂犬病、繁殖-呼吸综合征、传染性胃肠炎、猪链球菌病、副猪嗜血杆菌病、支气管败血波氏杆菌病、A 型和 D 型多杀性巴氏杆菌病、胸膜肺炎放线杆菌病和猪支原体肺炎病。隔离早期断奶猪在生长育肥阶段没有咳嗽，但 10% 的猪有副猪嗜血杆菌感染病变，隔离早期断奶管理阻止了该病的临床症状，提前上市 43 d。

利用隔离早期断奶（断奶日龄 10~14 d）的 Purdue 大学克拉克博士在表 10-3 列出了利用优良品种、全进全出饲养方法、极好的日粮和严格的生物安全措施可得到极好的生长性能。

表 10-3 隔离早期断奶至 114 kg 可获得的生长性能

性能指标	平均
平均日增重	0.86 kg
料重比	1：2.66
每天耗料量	2.27 kg
出生至 114 kg	140 d
死亡率	2%

隔离早期断奶的缺点：为了使隔离早期断奶获得成功，必须有特殊的管理程序和先进配套的保育设备。额外的开支是猪群的搬迁和设备。还要支出衣服、车辆、淋浴、靴子等费用，管理程序要求猪场需周密计划和安排生产流程表，各人必须牢固树立健康控制思想。

在一些小型猪场实施隔离早期断奶可能有困难，但仍可做些合理安排，既可减少传染病的发生，又可减少疫苗和药物的支出。

（三）猪群的健康管理

如果你正在组建一个新的猪群，你必须确定：一是从其他猪群引入的猪的健康状况，二是保持这种状况所需要的管理程序。

1. 封闭式猪群　在完全封闭式猪群，除剖腹产或子宫切开手术产生的新生仔猪进入猪群外，没有其他活猪进入猪群。

但是，随着时间的推移，为猪群引入新的血统将是必需的，这可以通过引入人工授精的或胚胎移植后剖腹产出的猪做到这一点，这个办法将把引入一个新疫病的危险性降到最低。但对一个完全封闭的猪群，只有剖腹产得到的活猪可以进入猪群。

2. 半封闭式猪群　这个系统没有达到和完全封闭猪群相同的防止新发疫病传入的策略水平，但是可以减少疫病传入的危险，因为唯一增加到猪群中的动物是公猪，而所有的后备母猪是从已建立的猪群中选出并饲养在一起的。

要从相同的或健康状况更好的猪群中购买公猪。如果对要购买公猪的猪群的健康状况有疑问，要向猪群的主人、兽医或当地的专家咨询。

买种猪要尽量从最少的猪群中购买（所有种猪来源于同一个猪群最好），并要坚持猪群有净化了疫病的证据。为此，有关疫病的实验室诊断结果、屠宰检疫和兽医记录的信息对达到这个目的是有用的。

不要忽视新猪群开始时的健康状况，要努力保持一个半封闭式猪群。

3. 对外来猪隔离检疫　在将种公猪引入猪群时，要把它们圈养在一个和大猪群隔离开的猪舍内，最好是不同的建筑内。用易感的动物确定这个种群是否是一些传染病的携带者（方法是把 2~3 只已断奶猪和公猪放在一起），30 d以后，如果易感猪不发病，才可把这批公猪和其他的种猪饲养在一起。如果采取进一步的安全防范措施，可把新的公猪隔离饲养至少 6 周，在这期间观察它们的发病迹象。

4. 保持猪群健康的管理程序　为保证怀孕母猪的健康，要遵照一系列的管理程序。

（1）按照以下操作，将保持母猪的健康。

1）把具有良好的通风和没有穿堂风的建筑物作为母猪舍。

2）在任何时候都要保持母猪的床铺干燥。

3）保证母猪出入的建筑物开口宽阔，防止母猪受伤。

4）要按母猪的年龄和重量分组，20~25 头为一组。

5）安排好母猪舍的空间和饲喂设施，以确保母猪最大的活动空间。

6）避免使母猪在坚硬的、冰冻的或有冰的路面上长距离行走。

7）在夏季的几个月里，为种猪提供足够的阴凉。

8）保持母猪远离农场垃圾和像使用多年后形成的泥坑类的坑洼地。

9）在把一个母猪移入分娩房前，用温水和肥皂清洗干净，然后用温和的抗生素液冲洗，同时可喷洒灭疥癣和虱子的药物。

10）把母猪放入分娩舍后，要减少饲料，满足此时需要的饲料的总量具有较大的差异，但应接近日常母猪采食量的 30%~50%，这有助于预防后期分娩时出现乳腺炎-子宫炎-无乳综合征。

注：合适的母猪舍和卫生是母猪管理的关键。

（2）按照以下操作，将保持哺乳仔猪的健康。

1）尽可能在母猪分娩仔猪时有人在现场。

2）防止新生仔猪受风寒侵袭。

3）用 7% 的碘酊液消毒仔猪肚脐。

4）仔猪出生后尽可能地剪掉犬齿，但要避免把牙齿剪得接近牙龈线。

5）为防止饲养在水泥地面上的仔猪贫血，对 3~4 日龄的仔猪注射铁制剂，如果 3 周以后仔猪仍没有开始喂料，再次注射铁制剂。

6）尽早地阉割仔公猪，时间在 3 日龄至 2 周龄，以减少应激和其他可能的感染。阉割前把所用的工具在沸水里消毒 15 min，每阉割一个猪后，把工具放在消毒液里进行清洁。

（3）按照以下操作，将保持断奶猪和育肥猪的健康。

1）从仔猪断奶到出售，通过体形大小而不是年龄把仔猪分组，把尺寸大小一致的猪圈养在一起。一组猪将面临疫病发生的危险，疫病发生的可能同把多少不同来源的猪合并在一起分为一组是同步增长的。

2）在一个饲养周期里，猪的饲养数量应当合适。在每一个饲养阶段一定要有足够的空间，以保证在繁殖猪群建立一个持续的繁育循环，达到猪舍空间的最合理利用和形成稳定的向市场出售的猪生产量。

3）饲喂适当增加了矿物质、维生素、氨基酸的全价饲料。

4）任何时候都要确保充足的清洁饮用水供应。

5）提供断奶猪和育肥猪干燥的、没有穿堂风的睡觉空间，在炎热的天气里提供足够的阴凉。

（四）保持每头猪健康的防疫管理

制订一个猪群健康的良好的管理和项目计划，使疫病的发生率降到最小，它有助于防止某个疫病病原的传入和暴发流行，增加猪群的抗病免疫力。每个生产者应当为其所属的农场制订出一个猪群健康计划，即使是微小的计划，也要比没有猪群健康计划好得多。

1. 免疫接种　下面所列的全部疫苗并不是每个农场都完全需要，使用时须征求兽医的意见。

（1）钩端螺旋体、梭状芽孢杆菌、巴氏杆菌或大肠杆菌苗：推荐只能使用在这些疫病普遍发生的地区或者是以前被这些疫病侵害过的猪场。

（2）传染性胃肠炎疫苗：在整个冬季和早春季节使用传染性胃肠炎疫苗

是很重要的，当慢性的散发的传染性胃肠炎在全年的仔猪群中被持续诊断出来时，应当实行全年的传染性胃肠炎疫苗免疫程序。

（3）猪丹毒疫苗：在发生猪丹毒的地区，要用猪丹毒疫苗免疫公猪和母猪。对怀孕母猪的免疫可以在分娩前1个月或3周时进行，这将提高母乳的抗体水平，仔猪在出生后的几周内将得到猪丹毒母乳抗体的保护。

（4）细小病毒疫苗：细小病毒在绝大多数的猪群中存在，猪在接触了野毒株后也能产生足够的免疫反应，但是，若猪的免疫反应较低时，将对猪的繁殖带来毁灭性影响。因此，用细小病毒疫苗接种的回报将远大于它的成本费用。有不同的细小病毒疫苗，可以单苗使用，也可以和其他疫苗如钩端螺旋体、猪丹毒制成联苗使用，这要遵照制造商的使用说明。

（5）萎缩性鼻炎疫苗：支气管败血性波氏杆菌和D型多杀性巴氏杆菌毒素是发生萎缩性鼻炎的主要原因，对此，仅要减少这个病的发生几乎可不用免疫接种。对种猪生产者和断奶仔猪的供应者来说，免疫接种是合适的，因为猪弯曲的鼻子将影响到销售。所有的预防萎缩性鼻炎的疫苗都是联苗，最简单的联苗由波氏杆菌和D型多杀性巴氏杆菌组成，其他种类的联苗则可能包括大肠杆菌、猪丹毒、梭菌、克雷波氏菌和传染性胃肠炎。因为这种联苗可使用的范围宽广，要根据对猪群的监测制订免疫计划，并遵照制造商的说明使用。

2. 驱内寄生蠕虫 在实施一个有效的驱除蠕虫项目前，应当安排兽医对5头8周龄猪和5头母猪进行粪便检查，以确定猪群目前存在的蠕虫种类，在多种的饱和盐水漂浮试验对不同种的蠕虫完成鉴别诊断后，如果没有发现虫卵，则没有必要进行驱虫。

内寄生虫，特别是蛔虫，可以通过卫生措施、轮牧和使用药物进行控制，而通过预防性管理措施控制寄生虫病是理想的。未成熟的蛔虫（幼虫）在到达肠道以前通过肝和肺时带来损害，而药物只对进入肠道后的成虫有效，因此，分区轮牧和环境卫生措施是预防牧场寄生虫感染的最好办法。猪在一个封闭的、经常打扫的猪舍和地板上生活是有益的。

3. 控制外寄生虫疥癣和虱子 常规的疥癣和虱子控制是要有支出的，如果在小猪身上发现了疥癣和虱子，这些猪就应该在1周龄以前用林丹液浸浴。其操作方法为：在同一时间内喷洒每一组仔猪，确保猪体完全被林丹液覆盖，以达到完全控制寄生虫的目的，第一次治疗后10~14 d重复治疗。注射伊维菌素更加有效。

三、传染病预防

猪的传染病对养猪生产威胁最大。猪的传染病病原微生物传播途径主要有：呼吸道传播，病原体随着病猪咳嗽、打喷嚏的飞沫以及呼气排出体外，健康猪吸进这些病原体后引起传染，如猪气喘病、流行性感冒等；消化道传染，很多病原体都是随猪吃食、饮水和拱土等进入体内引起传染，如猪瘟等；伤口传染，当皮肤或黏膜破伤时，病原体由伤口侵入引起传染，如破伤风、猪丹毒等；生殖道传染，有的公猪或母猪配种时互相传染，如猪传染性流行病等；昆虫携带传染，如蚊子、虱子、跳蚤等吸血昆虫的传播，如猪附红细胞体病等。

采取严密的防疫措施是防治猪病的重要环节，特别是要预防那些危害性大的病，如猪瘟、猪丹毒、猪肺疫、仔猪副伤寒以及寄生虫病（弓形体病、附红细胞体病）。

（一）建立严格的科学预防接种制度

这是预防猪传染病极其重要的有效措施。猪的防疫接种程序，应根据当地猪病流行情况科学制订，常规免疫程序是：

仔猪生后 20~25 日龄，首次免疫猪瘟；40~50 日龄，免疫仔猪副伤寒；60~70 日龄，免疫猪瘟、猪丹毒、猪肺疫（三联苗）；仔猪断奶后，育肥猪就不再接种免疫了。另外，在猪瘟流行地区，可采取超前免疫。方法是：小猪生后不给吃初乳，注射猪瘟疫苗 0.5 h 后再喂奶。

公、母猪 1 年 2 次接种三联苗（猪瘟、猪丹毒、猪肺疫），即在 3 月、9 月各 1 次。母猪应在空怀期接种。

（二）切断疫病传播途径

建立无病猪群，实现自繁自养，肥猪要做到全进全出，猪舍清扫消毒 1 周后再进新猪。

应选择远离村庄、交通要道、牲畜市场，地势高燥、向阳的地方建猪场。猪场要有围墙隔离，门前设消毒池，最好建隔离猪舍，引进的新猪在隔离舍内饲养观察，无病才能合群。病猪、待出售的猪养在隔离舍内治疗好后再出售。

（三）增强猪体抗病能力

喂猪的饲料要清洁卫生，科学搭配，营养全面，因此，喂猪料必须根据猪的不同类型（公母、大小）及猪的不同生理阶段（空怀、哺乳等）给予不同营养水平的日粮。日粮应为：能量饲料，如玉米等，占 70%~80%；蛋白质饲料，如豆粕等，约占 20%；矿物质饲料，如钙、磷、食盐等，约占 3%；维生素饲料，如青饲料或复合多维素，最好加喂一点微量元素（铁、铜、锌、硒、碘等），或在圈内放些地下深层红土。

要做到定时定量饲喂，不能时早时晚，时多时少，时好时坏。霉烂、变质、腐败、有毒的东西不能喂，未煮过的饭店泔水不能喂。

猪舍要清洁干燥，冬暖夏凉，舍内外要定期清扫消毒。每头猪要有一定圈面和吃食槽位，公猪每头 6~8 m²，哺乳母猪 5~6 m²，育成猪 0.8~1.0 m²；槽位，公猪 50~60 cm，母猪 45~50 cm，肥猪 35~40 cm，小猪 20~25 cm。

（四）猪传染病预防方法

1. 自繁自养法　选择优良的种公猪和种母猪，采用人工授精配种产仔，实行自繁自养，减少或控制疫病的传入。

2. 隔离法　新买来的生猪要隔离饲养半个月，证明确实无病后，才能与原健康的生猪同圈饲养。

3. 免疫法　要定期给生猪注射猪口蹄疫、猪瘟、猪肺疫、猪丹毒、仔猪副伤寒等疫菌苗预防药。

4. 驱虫法　要定期用驱虫药给猪驱虫，尤其是喂生饲料，同时要加强饲养管理，提高猪对疫病的抵抗力。

5. 观察法　要经常观察生猪的生长情况、精神状况、食欲增减、粪便干稀及形状等的变化。

6. 消毒法　发现生猪生病，不但要立即隔离治疗，还必须用强力消毒灵或新王消毒剂等消毒药对猪舍进行彻底消毒。

7. 深埋法　对病猪的粪便、垫草、残食等污染物要立即深埋，不能让其到处污染。

8. 隔绝法　当附近的生猪有疫病发生时，本场的生猪不可外放，也不可到疫区进行生猪配种。

9. 烧煮法　水源和疫区相通的生猪饮水，必须烧煮或加入适量的消毒药。

10. 禁购法　禁止到疫区购买生猪以及其他家畜。

四、猪病防治

（一）病毒性疾病

病毒是一类比较原始的、有生命特征的、能够自我复制和严格细胞内寄生的非细胞生物。病毒的特点：形体微小，具有比较原始的生命形态和生命特征，缺乏细胞结构；只含一种核酸 DNA 或 RNA；依靠自身的核酸进行复制，DNA 或 RNA 含有复制、装配子代病毒所必需的遗传信息；缺乏完整的酶和能量系统；严格的细胞内寄生，任何病毒都不能离开寄主细胞独立复制和增殖。

猪病毒性疾病是由致病病毒引起的一类顽固性疾病，迄今为止，一直没有较好的治疗办法，平时主要靠疫苗接种预防和治疗。病毒性疾病发病后的治疗效果都不是很理想，所以每个养殖场要把病毒性疾病的预防放在第一位。事实上，许多养殖户都做了免疫，但由于疫苗保存不当、免疫时间不合理和免疫方法不当等多种原因，导致免疫后抗体水平不高或免疫失败，经受不住强毒株的攻击往往使猪发病。

常见的病毒性疾病有猪瘟、流行性感冒、口蹄疫、水疱病、断奶后仔猪多系统衰弱综合征（圆环病毒病）、繁殖-呼吸综合征（蓝耳病）、伪狂犬病、传染性胃肠炎、轮状病毒感染等。

（二）细菌性疾病

细菌为原核微生物的一类，是一类形状细短、结构简单，多以二分裂方式进行繁殖的原核生物，是在自然界分布最广、个体数量最多的有机体，是大自然物质循环的主要参与者。细菌主要由细胞壁、细胞膜、细胞质、核质体等部分构成，有的细菌还有荚膜、鞭毛、菌毛等特殊结构。绝大多数细菌的直径大小在 0.5~5 μm。

猪细菌性疾病是由致病细菌引发的疾病。猪常见的细菌性疾病有大肠杆菌病、气喘病、传染性萎缩性鼻炎、传染性胸膜肺炎、衣原体病、仔猪副伤寒、猪丹毒、猪链球菌病、李氏杆菌病、仔猪红痢等。

猪细菌性疾病一般都可以通过针对性药物来进行治疗。只要对病猪进行正确的诊断，分离出致病菌，再通过药敏试验甄选出对致病菌抑制和杀灭效果最佳的药物，使用该药物才能够对猪病进行有效的治疗。但是细菌性疾病往往容易产生耐药性，需要及时进行药敏试验或轮换用药才能取得良好的疗效。

（三）寄生虫性疾病

寄生虫是指一种生物，其一生的大多数时间居住在另外一种动物（宿主或寄主）上，同时，对被寄生动物造成损害。

寄生虫引起的疾病称为寄生虫病。常见的猪寄生虫病有猪蛔虫病、猪囊虫病、猪疥螨病、猪旋毛虫病、小袋纤毛虫病、猪球虫病、猪毛首线虫（鞭毛虫）病等。

生猪驱虫通常选用以下几种药物。

（1）左旋咪唑（用于驱除体内线虫，但对鞭毛虫无效），按 8~10 mg/kg 体重喂服。

（2）敌百虫（既可驱除体内线虫又可驱除体外寄生虫），按 80~100 g/kg 体重喂服。

（3）丙硫咪唑（用于驱除绦虫和吸虫），按 15 mg/kg 体重喂服。

（4）盐酸氯苯胍可用于驱除球虫和弓形虫，其用法用量按说明书。

（5）新一代驱虫药：阿维菌素、伊维菌素、苯酚达唑等，剂量要准确，否则达不到驱虫的效果。如果发现猪囊虫，可选用灭滴灵，或用石榴皮、槟榔等驱虫。

（四）食物中毒

猪食物中毒是指由于猪采食的饲料中含有有毒物质而引发的中毒症状。

常见的猪中毒症有霉变饲料中毒、盐中毒、酒糟中毒、亚硝酸盐中毒、氢氰酸中毒、菜籽饼中毒、棉酚中毒、龙葵素中毒等。

（五）常见猪病防治

1. 气喘病

（1）综述：猪气喘病又名猪喘气病、猪霉形体肺炎或猪支原体肺炎，国外称地方性肺炎。病原为猪肺炎霉形体。病原体主要存在于猪的呼吸道、肺和肺门淋巴结。

猪气喘病是一种慢性呼吸道传染病，特征为咳嗽和喘气，发病率高，死亡率低，影响猪的生长发育，同时易继发感染很多疾病，给养猪生产带来重大的损失。

发病无年龄、品种、性别、季节性，哺乳仔猪和幼猪的发病率、死亡率较高，其次为怀孕后期及哺乳母猪。

寒冷、潮湿、多雨、饲养管理不当、卫生条件不佳等均可诱发本病或加重病情。病猪康复后带菌时间较长，有的长达 1 年左右。

（2）临床症状：间歇性咳嗽和喘气，流鼻涕，可视黏膜发绀；食欲无明显的变化，生长受阻。体温一般正常，如发生继发感染则体温升高，病情复杂。

（3）病理变化：肺病变显著，肺肿大、水肺、气肺；肺的各叶前下缘出现融合性支气管肺炎病变区，界线明显。从"猪肉样变"到"胰变"或"虾肉样变"（初期可见病变红灰色，切面细密似猪肉状，俗称肺的肉变，后期呈淡紫色、深红色、灰黄色，坚韧性增加，俗称"胰变"）。继发感染后可见心包炎、胸膜炎、肺和胸膜粘连。

（4）防治：支原净 100 mg/kg 体重或强力霉素 150 mg/kg 体重或克痢平 250 mg/kg 体重或硫酸黏杆菌素 40 mg/kg 体重（断奶前后两周）；卡那霉素、长效土霉素等也敏感。

（5）免疫：猪气喘病灭活苗，小猪 1~5 日龄，每头 0.25 mL；留种用 3~4 月龄二免；种公、母猪每年免疫 2 次，每次 5 mL。

2. 接触性传染性胸膜肺炎

（1）综述：接触性传染性胸膜肺炎又称猪副溶血嗜血杆菌病等，病原有嗜血杆菌、副溶血嗜血杆菌。猪胸膜肺炎放线杆菌是黏膜的严格寄生菌，通常情况下，主要存在于猪的呼吸道中。

本病是一种接触性呼吸系统传染病。特征是急性出血性胸膜肺炎和慢性纤维素性坏死性胸膜肺炎，是目前国际公认的颇具危害的重要传染病之一。

急性病猪具有很高的死亡率，一般在 50% 左右，慢性常可耐过。

感染不分品种、年龄、性别、季节，以 3 月龄左右（6 周至 6 月龄）的仔猪最易感，4、5 月和 9、10 月最易发。诱因为运输、气候骤变、通风不良、拥挤、环境突变及其他应激。

（2）临床症状：高热，41.5 ℃以上；咳嗽，张口呼吸，后期呼吸困难，呈犬坐式；有时见口鼻流淡红色泡沫样分泌物；鼻、耳、腿、体侧皮肤发紫；临死前口鼻腔流出血样泡沫样分泌物；个别猪呕吐，少数猪伴有下痢；有的关节肿胀，跛行。

（3）病理变化：气管、支气管内充满血性泡沫样分泌物；胸腔内有浅红色渗出物。肺炎，肺间质充满血色胶样液体，明显的纤维素性胸膜炎，有时见肺与胸膜粘连、充血、水肿，开始肺炎区有纤维素性附着物，并有黄色渗出液渗出，后期肺脏实变区较大，表面有结缔组织机化的粘连物附着，再后来肺炎病变区的病灶硬结或成为坏死灶。有时见渗出性纤维素性心包炎。

（4）防治：氨苄4~15 mg/kg 体重，肌内注射，每日2次，连注3 d；卡那10~20 mg/kg 体重，肌内注射，每日2次，连注3~5 d；磺胺0.07~0.1 mg/kg 体重，肌内注射，每日2次，连注3 d；复方新诺明0.07~0.1 mg/kg 体重，肌内注射，每日2次；氟甲砜霉素0.1 mL/kg 体重，肌内注射，每日2次；支原净100~150 mg/kg 拌料。个别症状严重的猪注射，大群采取拌料给药。

（5）免疫：猪传染性胸膜肺炎油佐剂灭活苗，母猪产前1个月注射2 mL；种公猪每年注射2次，每次注射2 mL；仔猪4~5周龄注射0.5~1.0 mL，间隔7~14天加强一次。

3. 猪传染性萎缩性鼻炎

（1）综述：传染性萎缩性鼻炎简称萎鼻，主要病原是支气管败血波氏杆菌，其次是产毒素的D型多杀性巴氏杆菌。其他病原微生物如绿脓杆菌、放线菌、嗜血杆菌、化脓棒状杆菌、猪鼻炎霉形体、毛滴虫及猪细胞巨化病毒等也参与感染。

本病是猪的一种慢性呼吸道传染病，特征为打喷嚏、鼻塞等鼻炎症状和颜面部变化，主要造成猪的生长发育迟缓，饲料报酬低，出栏期延长。各种年龄、品种的猪都可感染，也无季节性。没有临床症状的带菌母猪从呼吸道排毒感染仔猪，再由仔猪扩大感染的传染现象比较普遍。本病传播缓慢，呈散发性。另外，本病也能感染犬、猫、牛、马、羊、鸡、兔和人，引起慢性鼻炎和化脓性支气管肺炎。

（2）临床症状：鼻炎、喷嚏，呼吸不畅；流黏性、脓性、带血的鼻液；流泪，"半月形"泪斑；鼻、颜面变形，歪曲，变短或上翘（颜面部变形多发生在小猪，30~40 kg 猪症状轻微或无，大猪多为无症状的带菌者）。

（3）病理变化：缺少眼观病变。

（4）防治：对青霉素、链霉素、磺胺类药物、阿莫西林、喹诺酮类药物、头孢噻呋等敏感。

（5）免疫：一般选择丹毒、肺疫二联苗，仔猪60日龄1次；后备猪配种前1个月1次；种公、母猪每年2次。按说明进行接种。

4. 猪链球菌病

(1) 综述：猪链球菌病是由几种主要链球菌（C、D、E及L群）引起的猪的多种传染病的总称。急性型常表现为出血性败血症和脑炎；慢性型表现为关节炎、心内膜炎、淋巴结化脓和组织化脓等。本病为人畜共患性传染病。

仅猪有易感性，无季节性，各种年龄、品种的猪都易感，以新生仔猪和哺乳仔猪的发病率和死亡率最高，其次为中猪和怀孕母猪，成年猪发病较少。主要经消化道感染，也可经呼吸道感染。

(2) 临床症状：根据其临床表现和病程的不同，分为以下几型。

1) 败血型：突然发病，高热稽留，嗜睡，精神沉郁，呼吸急促；流浆液性、黏液性鼻液，便秘或腹泻，粪便带血，尿黄或发生血尿；眼结膜潮红、充血，流泪，离心端皮肤发紫；共济失调，磨牙，空嚼。

2) 脑膜炎型：多见于哺乳仔猪，体温高，便秘；共济失调，转圈，角弓反张，抽搐，卧地不起，四肢划动，口吐白沫；最后衰竭或麻痹死亡，死亡率较高。

3) 淋巴结脓肿型：多见于颌下、咽部、耳下及颈部淋巴结发炎、肿胀，单侧或双侧，发炎淋巴结可成熟化脓，破溃流出脓汁，以后全身症状好转，形成瘢痕愈合。

4) 关节炎型：主要是四肢关节肿胀，跛行，或恶化或好转。

(3) 病理变化：出血性浆膜、黏膜炎；鼻、气管、肺充血，肝、脾肿大出血。全身淋巴结肿胀或坏死；关节胶冻或纤维素炎；脑炎、脑实质出血。

(4) 防治：青霉素类为首选，肌内注射每日1~2次，连注3 d；其次，20%磺胺嘧啶钠，0.1 g/kg体重，肌内注射每日2次，连注2 d；局部关节可行手术。

(5) 免疫：断奶或成猪一律1 mL（按瓶签）肌内注射或皮下注射，或仔猪在20~30日龄首免，50~60日龄二免；母猪产前3周接种（按说明书操作）。

5. 仔猪副伤寒

(1) 综述：仔猪副伤寒又称猪沙门菌病，是由沙门菌属细菌引起的仔猪传染病。特征为急性型呈败血症变化，死亡率极高；慢性型在大肠发生弥漫性纤维素性坏死性肠炎，表现为顽固性下痢，严重影响猪的生长发育。本病是对仔猪威胁很大的一种细菌性传染病，沙门菌中的许多型对人和多种畜禽均有致病性。各种年龄的猪均可感染，1~4月龄仔猪易感性最高。无季节性，以阴雨潮湿季节发病较多。诱因可促进本病的发生，尤其发生猪瘟时，时常继发或并发本病。本病主要经消化道感染，也可通过交配感染。

（2）临床症状：多发于断奶后仔猪；高热，嗜睡，呼吸困难；离心端皮肤呈深红色或紫红色。顽固性下痢，粪便灰白色、黄绿色，恶臭；收腹上吊，弓背尖叫，被毛粗乱。

（3）病理变化：全身浆膜、黏膜和内脏器官出血。全身淋巴结肿大、出血。盲肠、结肠、回肠壁增厚（麦麸样伪膜）。肝、脾、肾肿大，肝脏有针尖或粟粒大的灰黄色坏死灶。

（4）防治：氟甲砜霉素、克痢王、新霉素、喹诺酮，或庆大+卡那+痢菌净等。

（5）免疫：仔猪副伤寒弱毒疫苗，28～30日龄接种1次。接种方式有：①口服，冷开水稀释至每头份1～10 mL，4头份/只，灌服。②拌料，冷开水稀释至每头份5～10 mL，4头份/只，拌料。③耳后肌内注射1 mL。

6. 仔猪黄痢

（1）综述：仔猪黄痢又称初生仔猪大肠杆菌病，是由致病性埃希氏大肠杆菌引起的初生仔猪的一种急性、高度致死性传染病。特征为剧烈腹泻，排出黄色或黄白色稀粪和迅速脱水。

大肠杆菌抗原复杂，有O、H、K三种抗原；血清型多，有几千种；对外界环境的抵抗力不强。

大肠杆菌的致病性取决于它在小肠黏附、定植、增殖的能力和它产生毒素的能力，黏附因子或纤毛决定细菌定植的能力，一旦发生细菌定植，就会因毒素的产生而导致腹泻，最重要的黏附因子是F4（K88ab、K88ac）、F5（K99）、F6（987P）。

发病日龄早，主要侵害1～3日龄仔猪，发病急、症状明显、死亡率高。无季节性，但寒冷时发病率较高，产房潮湿、卫生条件不好时发病率更高，一个猪场一旦发病很难根除。主要经消化道感染，带菌母猪为主要传染源。

（2）临床症状：水样稀粪，黄色或灰黄色，内含凝乳小片和小气泡。病猪口渴，吃乳减少，脱水，消瘦，昏迷，衰竭。

（3）病理变化：肠黏膜充血、水肿，甚至脱落。肠壁变薄、松弛、充气，尤以十二指肠最为严重，肠内容物呈黄色，有时混有血液。心、肝、肾有变性，重者有出血点或凝固性坏死。

（4）预防：做好母猪产前产后管理，加强新生仔猪的护理。药物预防，初生后12 h内口服敏感抗生素。微生物制剂预防，如促菌生、调菌生、乳康生、康大宝等通过调节仔猪肠道微生物区系的平衡，从而抑制大肠杆菌。

（5）治疗：对仔猪黄白痢的治疗应采取抗菌、止泻、助消化和补液等综合措施。

1）抗菌：安普霉素、链霉素、环丙沙星、恩诺沙星、氟甲砜霉素、阿莫西林、泻痢停、克痢王。

2）止泻：鞣酸蛋白。

3）助消化：干酵母、小苏打、胃蛋白酶等。

4）补液：口服葡萄糖生理盐水及多维。葡萄糖生理盐水的配方：1 000 mL水中加葡萄糖 20 g，氯化钠 3.5 g，氯化钾 1.5 g，碳酸氢钠 2.5 g。

（6）免疫接种：妊娠母猪在产前 30 d 和 15 d 接种，疫苗选择大肠杆菌基因工程苗。

7. 仔猪白痢

（1）综述：仔猪白痢又名迟发性大肠杆菌病，是仔猪在哺乳期内常见的腹泻病。特征为病仔猪排乳白色或灰白色腥臭稀粪，发病率较高而致死率不高，但仔猪的生长速度明显减慢。病因复杂，尚不能完全肯定，一般认为猪肠道菌群失调，大肠杆菌过量繁殖是本病的主要原因，现已证实，猪轮转病毒是仔猪白痢的病原之一。

本病多发生于 10~30 日龄仔猪，无季节性，冬、春气候剧变，阴雨、潮湿或保暖不良及母猪乳汁缺乏时发病较多。发病与饲养管理及猪舍卫生有很大的关系，应激等因素也是重要原因之一。主要是通过消化道感染。

（2）临床症状：仔猪突然拉稀，同窝相继发生，排白色、灰白色、腥臭、糊状或浆状粪便。仔猪精神不振，畏寒，脱水，吃奶减少或不吃，有时见有吐奶。一般病猪的病情较轻，及时治疗能痊愈，但多因反复发作而形成僵猪，严重时，病猪粪便失禁，1 周左右死亡。

（3）病理变化：病死仔猪脱水、消瘦、皮肤苍白。胃黏膜充血、水肿，肠内容物灰白色，酸臭或混有气泡。肠壁变薄半透明，肠黏膜充血、出血、易剥脱，肠系膜淋巴结肿胀，常有继发性肺炎病变。

（4）防治：基本上与仔猪黄痢防治措施相同。

8. 水肿病

（1）综述：水肿病是由致病性大肠杆菌引起的断奶后仔猪的一种肠毒血症。特征为胃壁和其他某些部位发生水肿。常突然发病，发病率较低，但致死率很高，常出现内毒素中毒性休克症状而迅速死亡。本致病菌常无吸附因子，有溶血性，除含有毒素外，还含有神经毒素。

（2）临床症状：眼睑、头、颈部甚至全身水肿。体温一般无变化，呼吸、心跳加快，肌肉震颤，盲目行走，转圈，共济失调，痉挛或惊厥，尖叫，口吐白沫，倒地搐动，四肢划动，最后四肢麻痹，不能站立，休克性死亡。

（3）病理变化：上下眼睑、颜面、下颌部等胶冻样水肿。胃黏膜（胃大弯和贲门，黏膜和肌肉层之间）胶冻样水肿。心包和体腔内有血色积液。全身淋巴结几乎都有不同程度的水肿，肠系膜（结肠、小肠系膜）淋巴结尤为突出。

（4）治疗：水肿克星或水肿康，每头 5 mL，每日 2 次，连喂 1~2 d；亚硒酸钠 VE 针剂，1~2 mL 肌内注射，每日 2 次，呋噻咪利尿；20%安钠咖 1 mL，50%安钠咖 1 mL，50%葡萄糖 3 mL/kg 体重，静脉注射，每日 2 次。

9. 仔猪红痢

（1）综述：仔猪红痢又称猪传染性坏死性肠炎或梭菌性肠炎，是仔猪的一种高度致死性肠毒血症。病原是 C 型产气荚膜梭菌，本菌能产生引起仔猪肠毒血症和坏死性肠炎的 α 和 β 毒素。特征为 1~3 日龄仔猪排血样粪便（血痢），肠坏死，发病急，病程短，死亡率高。易感动物范围很广，猪、马、牛、鸡、兔、鹿等易感，其中反刍动物，尤其是绵羊更为易感，人也有易感性，猪多发生于 1~3 日龄，1 周龄以上很少发病。无季节性，主要经消化道传播感染。一旦发病，病原就会长期存在，本菌的芽孢长期、广泛地存在于人畜的肠道、被污染的外界环境、下水道等处。

（2）临床症状：发病急剧，仔猪出生后 1 d 内就可发病，排浅红色和红褐色粪便。病猪迅速脱水、消瘦、衰竭，有的病猪呕吐、尖叫，出现不由自主的运动。绝大多数在几天内死亡，若病程在 7 d 以上，则呈现间歇性或持续性腹泻，病猪生长停滞，逐渐消瘦、衰竭或死亡。

（3）病理变化：腹腔内有许多缨红色渗出积液。空肠呈暗红色，肠腔内充满含血的液体，内容物呈红褐色并混有小气泡。肠壁黏膜下层、肌肉层及肠系膜含有气泡。病程稍长的肠壁形成坏死性黄色假膜，一般不易剥离，肠系膜淋巴结肿大出血。

（4）防治：仔猪出生后注射猪红痢血清，3 mL/kg 体重；出生后内服"保命油"，或内服庆大霉素；抗生素（青霉素、磺胺等）结合维生素 C 治疗。

（5）免疫：妊娠母猪于产前 30 d 和产前 15 d 分别用红痢菌苗免疫接种一次。

10. 猪痢疾

（1）综述：猪痢疾俗称猪血痢，病原为猪痢疾密螺旋体。特征为黏液性或黏液出血性下痢。本病一旦传入，不容易清除，康复猪带菌率很高，带菌时间可达 70 d 以上，严重影响猪的生长发育，增加饲料消耗。仅感染猪，不分品种、性别、年龄，以 7~12 周龄猪多发，无明显的季节性。消化道是唯一的感染途径，苍蝇带菌 4 h，小鼠带菌 100 d 以上，大鼠带菌 2 d，也是不可忽视的传染源和传播者。

（2）临床症状：不同程度的腹泻，先软后稀，最后拉水样粪，内混黏液或带血。严重时粪便呈红色糊状，内含大量黏液、血块及脓性分泌物。体温升高至 40~41 ℃，精神不振，厌食，消瘦脱水，弓背收腹，被毛粗乱无光，后期排粪失禁，衰竭，或痊愈或死亡。

（3）病理变化：主要是大肠卡他性、出血性肠炎；肠系膜及其淋巴结充血、水肿。肠腔内充满黏液和血液，病程稍长的黏膜形成麸皮样或豆渣样的黄色和灰色纤维素性假膜，易剥离。

（4）防治：痢菌净、泰乐菌素等。

第十一章 猪场养殖废弃物无害化 处理技术

一、收集技术

1. 水冲粪工艺 水冲粪工艺是 20 世纪 80 年代我国从国外引进规模化养猪技术和管理方法时采用的主要清粪模式。该工艺的主要目的是及时、有效地清除畜舍内的粪便、尿液，保持畜舍环境卫生，减少废弃物清理过程中的劳动力投入，提高养殖场自动化管理水平。猪排放的粪、尿和污水混合进入粪沟，每天数次放水冲洗，粪水顺粪沟流入粪便主干沟或附近的集污池内，用排污泵经管道输送到废弃物处理区。水冲粪工艺现已淘汰。

优点：水冲粪方式可保持猪舍内的环境清洁，有利于动物健康。劳动强度小，劳动效率高，有利于养殖场工人健康，在劳动力缺乏的地区较为适用。

缺点：耗水量大，一个万头养猪场每天需消耗 200～250 t 水。污染物浓度高，处理难度大，化学需氧量（COD）为 11 000～13 000 mg/L，生物化学需氧量（BOD）为 5 000～6 000 mg/L，固体悬浮物（SS）为 17 000～20 000 mg/L。经固液分离出的固体部分养分含量低，肥料价值低。

2. 干清粪工艺 干清粪工艺的主要目的是及时、有效地清除畜舍内的粪便、尿液，保持畜舍环境卫生，充分利用劳动力资源丰富的优势，减少废弃物清理过程中的用水、用电，保持固体粪便的营养物，提高有机肥肥效，降低后续粪尿处理的成本。干清粪工艺的主要方法是，粪尿一经产生便粪尿分流，干粪由机械或人工收集、清扫、运走，尿及冲洗水则从下水道流出，分别进行处理。

优点：人工清粪只需用一些清扫工具、人工清粪车等。设备简单，不用电力，一次性投资少，还可以做到粪尿分离，便于后面的粪尿处理。机械清粪可以减轻劳动强度，节约劳动力，提高工效。

缺点：人工清粪劳动量大，生产率低。机械清粪包括铲式清粪和刮板清粪，一次性投资较大，故障发生率较高，维护费用及运行费用较高。

3. 水泡粪工艺 水泡粪工艺是在水冲粪工艺的基础上改造而来的。工艺流程是在猪舍内的排粪沟中注入一定量的水，粪尿、冲洗和饲养管理用水一并排入漏粪地板下的粪沟中，贮存一定时间（一般为 1~2 个月），待粪沟装满后，打开出口的闸门，将沟中废弃物排出，流入粪便主干沟或经过虹吸管道，进入地下贮粪池或用泵抽吸到地面贮粪池。

优点：可保持猪舍内的环境清洁，有利于动物健康。劳动强度小，劳动效率高，有利于养殖场工人健康，比水冲粪工艺节省用水。

缺点：由于粪便长时间在猪舍中停留，形成厌氧发酵，产生大量的有害气体，如 H_2S（硫化氢）、CH_4（甲烷）等，恶化舍内空气环境，危及动物和饲养人员的健康，需要配套相应的通风设施。经固液分离后的污水处理难度大，固体部分养分含量低。

4. 生态发酵床工艺　生态发酵床工艺是指综合利用微生物学、生态学、发酵工程学、热力学原理，以活性功能微生物作为物质能量"转换中枢"的一种生态养殖模式。该技术的核心在于利用活性强大的有益功能微生物复合菌群，长期、持续和稳定地将动物粪尿废弃物转化为有用物质与能量，同时实现将畜禽粪尿完全降解的无污染、零排放目标，是当今国际上一种最新的生态环保型养殖模式。

优点：节约清粪设备需要的水电费用，节约取暖费用，地面松软能够满足猪的拱食习惯，有利于猪只的身心健康。

缺点：粪便需要人工填埋，物料需要定期翻倒，劳动量大；温湿度不易控制；饲养密度小，使生产成本提高。不适于规模猪场。

收集技术不同工艺对比见表 11-1。

表 11-1　不同工艺的对比

清粪工艺	耗水	耗电	耗工	维护费用	投资	废弃物后处理难易度	舍内环境
人工干清粪	少	少	多	少	少	易	中
机械干清粪	少	多	中	高	高	易	中
水冲粪	多	少	少	少	中	难	好
水泡粪	中	中	少	少	高	难	差
生态发酵床	少	少	多	高	中	易	中

二、固体废弃物处理技术

1. 自然发酵后直接还田　自然发酵后直接还田是指粪便在堆粪场或贮粪

池自然堆腐熟化，符合 GB18596—2001 要求后，作为肥料供农作物吸收消化的处理方式。该处理方法简单，成本低，但机械化程度低，占地面积大，劳动效率低，卫生条件差。

该模式适用于远离城市、土地宽广且有足够农田消纳粪便污水的经济落后地区，特别是种植常年需施肥作物的地区。规模较小养殖场采用（表 11-2）。

表 11-2　出栏 5 000 头以下规模猪场贮粪池容积及配套消纳粪污的土地定额

	规模（头）	贮粪池容积（m³）	粪便和污水/尿液配套土地（亩/年）
猪场	≤5 000（出栏）	每 10 头猪（出栏）需 1 m³	每 5 头猪（出栏）需 1 亩土地

2. 好氧堆肥法生产有机肥

（1）常温发酵工艺：是指好氧微生物在适宜的水分、酸碱度、碳氮比、空气、温度环境因素下，将畜禽粪便中各种有机物分解产热生成一种无害的腐殖质肥料的过程（图 11-1）。特点是设备采用机械化操作，主要流程为加菌、混合、通气、抛翻、烘干、筛分、包装。比自然堆肥生产效率高，占地较少。

生产方式有条形堆腐处理、大棚发酵槽处理和密闭发酵塔堆腐处理三种主要形式。

1）条形堆腐处理：在敞开的棚内或露天将猪的粪便堆积成宽 1.5 m、高 1 m 的条形，进行自然发酵，根据堆内温度，人工或机械翻倒，堆制时间需 3~6 个月。

2）大棚发酵槽处理：修筑宽 8~10 m、长 60~80 m、高 1.3~1.5 m 的水泥槽，将猪的粪便置入槽内并覆盖塑料大棚，利用翻倒机翻倒，堆腐时间 20 d 左右。

3）密闭发酵塔堆腐处理：利用密闭型多层塔式发酵装置进行畜禽废弃物堆腐发酵处理，堆腐时间 7~10 d。

（2）自动化高温发酵生产有机肥：混合、搅拌、控温、通气，实现自动控制，使产品质量易于控制。从原料混合到发酵采用一体化，节约空间。采用 90~95 ℃高温处理，使病菌、寄生虫卵、草籽被彻底杀灭，避免了二次污染。主发酵时间只需 24 h。节约时间，生产效率高（图 11-2）。

三、液体废弃物处理技术

1. 直接还田利用　这是一种采用物理沉淀和自然发酵来达到废弃物减排目的的方法。猪场内的污水（尿液）在贮存池内进行沉淀和自然发酵，沉淀后出水供周边农田或果园利用，池底沉积废弃物作为有机肥直接利用或和固体粪便一起进行有机肥生产。

该方法建设简单，操作方便，成本较低，但对废弃物处理不够彻底，处理效率低下，需要经常清淤，且周边要有大量农田消纳废弃物。部分小型养殖场采用（表11-3）。

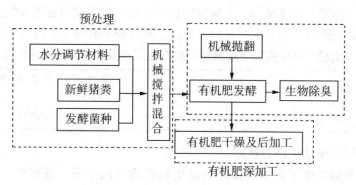

图11-1　常温发酵生产有机肥工艺流程

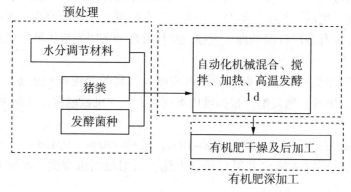

图11-2　自动化高温发酵生产有机肥工艺流程

表11-3　出栏1 000头以下规模猪场污水贮粪池容积及配套消纳粪污的土地定额

	规模（头）	尿液/污水贮存池容积（m³）	粪便和污水/尿液配套土地（亩/年）
猪场	≤1 000（出栏）	每头猪（出栏）需0.3 m³	每5头猪（出栏）需1亩土地

2. 厌氧-农业综合利用　污水/尿液经过格栅（固液分离），将残留的干粪和残渣出售或生产有机肥；污水则进入厌氧池进行发酵，发酵后的沼液还田利用，沼渣可直接还田或制造有机肥。

该方法适用于气温较高、土地宽广、有足够的农田消纳养殖场废弃物的农村地区，特别是种植常年施肥作物，如蔬菜、经济类作物的地区。要有足够容积的贮存池来贮存暂时没有施用的沼液。能够实现"养-沼-种"结合，没有沼渣、沼液的后处理环节，投资较少，能耗低，运转费用低（表11-4）。

表11-4　出栏 1 000 头以上规模猪场厌氧池容积定额

	规模（头）	厌氧池容积（m³）	备注
猪场	≥1 000（出栏）	每 10 头猪（出栏）需 2 m³	用于气温较高、土地宽广、有足够的农田消纳养殖场废弃物的农村地区，特别是种植常年施肥作物，如蔬菜、经济类作物的地区

3. 厌氧-好氧-深度处理　污水/尿液经厌氧发酵后，厌氧出水再经好氧及自然处理系统处理，达到国家和地方排放标准，既可以达标排放，也可以作为灌溉用水或场区回用。工艺流程如图11-3所示。

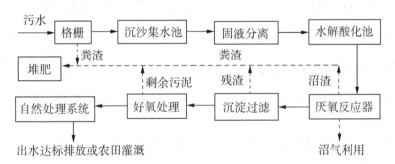

图 11-3　厌氧-好氧-深度处理污水/尿液工艺流程

优点是占地少，适应性广，治理效果稳定，处理后的出水可达行业排放标准。缺点是投资大，能耗高，运行费用大，机械设备多，维护管理复杂（表11-5、表11-6）。

自然处理工艺有人工湿地、土地处理和稳定塘技术。

表11-5　不同厌氧反应器的优缺点比较

反应器名称	优点	缺点	适用范围
全混合厌氧消化器（CSTR）	投资小、运行管理简单	容积负荷率低，效率较低，出水水质较差	适用于 SS 含量很高的污泥处理

续表

反应器名称	优点	缺点	适用范围
升流式厌氧污泥床（UASB）	处理效率高，耐负荷能力强，出水水质相对较好	投资相对较大，对废水 SS 含量要求严格	适用于 SS 含量较低的有机废水
升流式固体反应器（USR）	处理效率较高，投资较小，运行管理简单，容积负荷率较高	对进料均布性要求高，当含固率达到一定程度时，必须采取强化措施	适用于含固量高的有机废水

表 11-6   出栏 10 000 头以上规模猪场厌氧池、好氧池容积定额

	规模（头）	厌氧池容积（m³）	好氧池容积（m³）	备注
猪场	≥10 000（出栏）	每头猪（出栏）需 0.1 m³	每头猪（出栏）需 0.01 m³	生态敏感地区以及土地紧张、无足够土地来消纳废弃物

四、病死猪处理技术

（1）当前养殖场病死猪主要处理方式：化尸坑（池）处理、深埋、焚烧+深埋、丢弃。

（2）国家明文认可的处理方式：焚烧、化制、掩埋、高温处理、化学处理、生物处理。

（3）畜禽废弃物处理方式的比较与选择：见表 11-7。

表 11-7   畜禽废弃物处理方式的比较与选择

处理方法	焚烧	化制	碱水解	高温生物降解
技术及工艺特点	医疗废弃物通用处理技术。工艺较复杂。尸体切割、焚烧、排放物（烟气、粉尘）处理，污水等处理系统	高温高压蒸煮，干化或湿化处理技术。工艺较复杂。尸体高温高压，破碎油水分离，烘干，废液污水处理等系统	化学灭菌+高温复合处理技术。工艺较简单。处理物和产物均在本体机中完成。气体消毒过滤	高温分解、灭菌+生物发酵分解复合处理技术。工艺简单。处理物和产物均在本体机中完成。气体消毒过滤

续表

处理方法	焚烧	化制	碱水解	高温生物降解
排放物及产物处理	骨渣填埋处理；灰尘、一氧化碳、氮氧化物、重金属、酸性气体；污水处理	尸体高温高压处理；破碎油水分离处理；烘干处理；废液污水处理	无菌水溶液循环利用，骨渣可作肥料	有机肥原料；少量气体经消毒过滤排放
异味环保控制	异味明显，控制成本高	异味明显，控制成本高	无异味，环保，易控制	无异味，环保
占地	大，宜单独建场	大，宜单独建场	小，可单独建场或作为机构内处理设施，甚至移动式处理	小，可单独建场或作为机构内处理设施
运行成本	高　　　　　　　　　　　　　　→　　　　　　　　　　　　　　低			

五、猪场废弃物治理推荐模式

（1）生猪养殖场（小区）采用干清粪方式，粪便和污水/尿液分别在贮粪场和沉淀池贮存后还田，无污水排放口外排污水。采用此模式要求养殖场（小区）有与其规模适应的消纳土地（每存栏 5 头猪所需土地不少于 1 亩）。

（2）生猪养殖场（小区）采用干清粪方式，建设治污设施，即粪便产生有机肥或制沼气，有机肥、沼渣、沼液还田；污水/尿液经处理后还田，无污水排放口外排污水。采用此模式要求养殖场（小区）有与其规模适应的消纳土地（每存栏 10 头生猪所需土地不少于 1 亩），且治污设施（堆肥场或沼气池、污水/尿液处理设施）应满足养殖场规模要求。

（3）生猪养殖场（小区）采用干清粪方式，粪便产生有机肥，污水进行厌氧-好氧-深度处理达标排放，且配备在线监测或视频监控设备并联网。

（4）生猪养殖场（小区）采用干清粪方式，粪便还田，污水进行厌氧-好氧-深度处理后达到排放标准，且出水全部利用，如用作农田灌溉等。

参 考 文 献

[1] 王凤，吴戈祥．日粮配制需把握"六个平衡"［J］．养殖与饲料，2013
  （7）：37-38.
[2] 方美英，吴长信．猪品种遗传多样性的研究进展［J］．畜牧与兽医，2001
  （5）：40-42.
[3] 王千六，李强．我国生猪产业市场机制的缺陷及其对策［J］．农业现代化
  研究，2009（03）：293-297.
[4] 程燕芳，黎太能，刘少华，等．规模化猪场发展健康养殖的思考［J］．中
  国畜牧杂志，2011（06）：45-48.
[5] 李德发．猪营养研究进展［C］．中国畜牧兽医学会养猪学分会第三次会
  员代表大会学术讨论会，2001.
[6] 张振斌，林映才，蒋宗勇．母猪营养研究进展［J］．饲料工业，2002，23
  （9）：12-17.
[7] 梅书棋，彭先文．生猪健康养殖研究进展［J］．安徽农业科学，2009
  （2）：602-604.
[8] 李庆，王成洋．中小规模猪场猪疾病预防的六大措施［J］．湖南农业科
  学，2013（24）：63.
[9] 经超杰．农村养猪疾病预防误区及对策［J］．科技致富向导，2015（5）：
  13.
[10] 张广，马向红，张新建，等．浅谈猪的疾病预防与治疗［J］．农民致富
  之友，2013（14）：198.
[11] 颜培实，李如治．家畜环境卫生学［M］．北京：高等教育出版社，
  2011.
[12] 刘继军，贾永全．畜牧场规划设计［M］．北京：中国农业出版社，
  2008.
[13] 段诚中．规模化养猪新技术［M］．北京：中国农业出版社，2000.
[14] 王爱国．现代实用养猪技术［M］．北京：中国农业出版社，2003.
[15] 吴志谦．最新养殖场设施工程建设实用技术操作规范及重大流行性传染
  疫病预防控制工作标准手册［M］．北京：中国农业大学出版社，2010.
[16] 李保明，施正香．设施农业工程工艺及建筑设计［M］．北京：中国农业

出版社，2005.

[17] 陈清明，王连纯．现代化养猪生产［M］．北京：中国农业出版社，
  1997.

[18] 李震钟．畜牧场生产工艺与畜禽设计［M］．北京：中国农业出版社，
  2000.

河南畜牧规划设计研究院

自2011年成立以来，我院 共完成可行性研究报告等咨询类项目200多个，完成牧场设计项目300多个，编制市县现代生态畜牧发展规划、集群规划及企业发展规划40多个，完成33个县428个场区现代农业项目实施方案。咨询、规划、设计业务在国内已拓展到重庆、江苏、新疆、贵州、山东、黑龙江、甘肃、宁夏、广东、青海、广西、湖北、山西、河北、陕西、安徽、湖南等19个省（市、区），在国外已拓展到安哥拉、委内瑞拉等国家。

设计院业务范围 》》》》》》》》》》

★ 规划：农牧行业发展规划、现代高效农牧园区规划、农牧场区规划、观光农业、旅游农业等综合园区规划、农业综合开发项目规划设计。

★ 咨询：农牧行业项目建议书、可行性研究报告、项目申请报告、资金申请报告的编制，农牧项目的评估等。

★ 设计：各类畜禽养殖场、饲料厂、兽药厂、畜产品加工厂等项目的建设工程总体设计、初步设计、施工图设计。

★ 政策研究：针对全国农牧业发展过程中存在的各种问题，通过科学分析、调查，开展农牧业发展政策研究，承担农牧发展规划、行业研究等工作，为农牧业发展提供决策依据。

★ 标准制定：农牧行业标准、企业标准研究制定；安全环保研究；农牧产品质量安全、生态环保可持续发展研究，农牧项目安全环保评估。

★ 新技术的研究与推广：针对阶段性农牧业发展存在的热点、难点问题进行专题研究，推广农牧最先进的技术、设备、管理理念等。

★ 可再生能源工程：太阳能、地热能、水能、风能、生物质能、潮汐能等可再生能源综合利用。

★ 农牧企业宣传片拍摄：企业宣传片、专题片、微电影、个人形象片、产品宣传片、招商汇报片、庆典年会、大型会议拍摄。

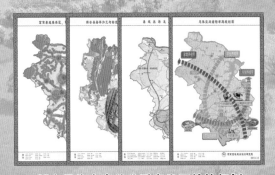

新安县生态畜牧业适度发展总体规划　　　　中鹤四化同步产业园区发展规划

电话：0371-65778627　　　　　　　传真：0371-65778615

邮箱：1262109558@qq.com　　　　网址：http://www.xumuchina.org

联盟网站：http://www.xumuchina.cn　　邮编：450008

地址：河南省郑州市经三路91号河南省畜牧局3楼

河南安进生物医药技术有限公司始建于 2008 年，2010 年搬迁至新乡市平源新区，是一家集兽药研发、生产和销售为一体的大型现代化、高科技企业。公司位于郑州黄河大桥北两千米处，交通十分便利。现有员工 496 人，高级职称员工 51 人，博士 27 人，50% 以上员工拥有专科及以上学历。拥有最终灭菌小容量注射剂、最终灭菌大容量注射剂（非静脉）、粉针剂、粉剂 / 散剂 / 预混剂、口服溶液剂、消毒剂、中药提取等标准 GMP 生产车间及现代化实验室，2011 年 1 月以高分顺利通过农业部 GMP 专家组验收。现有九大系列、300 多个品种，产品遍及全国各地，深受用户的青睐和好评。公司下辖猪药、禽药、牛药和水产等四个事业部，以使管理精细化，运营和服务更加专业化。优秀的管理模式失去了公司的快速发展，产值、销售两旺，为公司战略目标的实现打下了坚实的基础。

人才是企业的生存之本、发展之源。因此，安进把广揽优秀人才作为企业的头等大事来抓。几年来先后引进产品研发、市场营销、运营管理等各类人才 100 余人，在企业经营中发挥了具大的作用，也为公司的长远发展打下了坚实的基础。此外，还与中国农科院畜牧研究所、华南农业大学、河南农业大学、郑州牧业经济学院等多所院校有长期合作关系，依托高校、科研院所的技术优势，推动公司各项经营活动快速发展。

当前，安进人正以"打造中国第一兽药品牌"为目标，在"诚信、创新、精准、超越"企业精神的指引下，秉承"市场是根、质量是命"的经营理念，一手抓产品研发，一手抓市场营销，力争在不远的将来，使安进公司排在全国同行的前列。

安进人愿与畜牧界精英携手合作、共创美好动未来！

◆河南省著名商标

◆河南省高新技术企业

◆全国兽药制剂 50 强企业

◆郑州市质量信得过单位

◆河南省 50 家高成长型品牌

◆国家大型兽药 GMP 验收通过企业

◆河南省养猪行业协会副会长单位

◆河南省养羊行业协会副会长单位

◆中兽药产品技术创新战略联盟理事长单位

扫一扫，有惊喜

河南安进生物医药技术有限公司

生产地址：河南省新乡市平原新区桥北乡黑阁村南大街5号
电话：0371-60525899　　移动座机：15638888751
传真：0371-69103203　　邮编：453500
邮箱：hnajsw@126.com　网址：http://www.zhuyao.cn
全国统一免费服务热线：400-678-1926

公司简介 Introduction

品牌释义

　　易学中"易"乃万物的本源或根本规律，"易，开物成务，冒天下之道；"达"字志在其坚定、不懈，"菲"乃寓意祥和、喜悦、健康、美好，"易达菲"畜牧行业的一股力量！愿载兽药人之愿，坚定不屈，坚持不懈，创新务实，引领兽药行业发展之新方向，迎接畜牧业的春天！品牌Logo取"易达菲"汉语拼音"首拼大写字母"并与字母Y左上角以地球图案为形状，其字母"D"以双手上下合起之势，其释义为易达菲遵循"以人为本、众志成城、团结协作"的精神，力把易达菲品牌推广向全世界的决心和信念！标准色为海蓝色，象征健康、理性、发展、创新，寓意易达菲像海纳百川一样，吸纳兽药行业良性发展之经验，展现兽药行业健康、蓬勃发展之势！

企业理念

　　河南易达菲动物药业有限公司坚持"办有信仰的企业，做有道德的产品"，以顾客的信任和支持为最大的财富。多年来公司秉承"取之于社会，用之于社会"的精神，为畜牧行业健康良性发展贡献自己的力量，积极带动避免药物残留的食品安全，弘扬绿色保健饲养新观念，多次获得国内外畜牧业界同行的高度认可与肯定，多年来与国内外多所大学院校设立"易达菲助学金"资助众多优秀贫困生，为畜牧业培养了一大批优秀人才！

发展历程

　　2005年公司在新郑市高新技术工业园征地300亩，先后投入数千万元，对生产基地和化验室完成GMP改造，并经国家建筑工程质量监督检验中心检验，综合性能指标达到设计规范和兽药GMP的要求。训练有素的员工，布局合理的车间，装备精良的生产设备，严格的检验制度，精密的检测仪器，使得易达菲于2006年顺利通过了农业部GMP动态验收。实现数条兽药GMP车间全线通过国家农业部GMP认证。2009年为响应国家产业升级号召，河南易达菲动物药业有限公司立项申请成立新特兽药研发中心，该中心顺利通过国家发改委、国家科委及国家农业部验收。此次组建该中心国家发改委投资200万，易达菲出资420万，由专业从事动物药业的13名教授和14名博士主要负责一类、二类、三类药物研制及报批工作。新特兽药研发中心的成立更加巩固了河南易达菲动物药业有限公司国内领先、国际一流的领军地位！为经销商开拓了一条更宽阔、更平坦的致富路！同时也为推进中国养殖业的发展创造了新的里程碑！2014年10月成功申请通过了饲料添加剂车间。2015年9月，公司成功在Q板挂牌上市。

战略规划

　　2016年2月公司启动新一轮市场规划合作战略！立志于打造一个高科技含量，高凝聚力，高战斗力的核心团队，把产品科技创新放在首位！加大产品创新研发投资力度！全力吸纳高科技新型人才，引进先进的管理经验，克服企业内部劣势，把握市场环境，利用现代互联网优势，实现线上线下产品综合分步销售模式，用3~5年把易达菲品牌打造为国内最具竞争优势的兽药企业！

品牌与荣誉

股权代码：208845

原阳县正大饲料有限公司
电商品牌的引领者

企业简介
COMPANY INTRODUCTION

原阳县正大饲料有限公司

原阳县正大饲料有限公司固定投资1 200万元，拥有国内最先进的全自动化生产线。主要生产销售畜禽预混料、维生素等，设备一流、工艺先进。公司拥有自己的饲养试验场，产品都是采用世界最新科研成果，结合国内最新营养标准和本地养殖品种及养殖习惯，经过本公司试验场不断实践总结精心加工而成。

公司自创建之初就确定"高起点，高投入"的战略定位，到处力于以创建饲料行业知名品牌为核心、走产业化可持续发展之路。公司拥有国内最先进的全自动化生产线，配备完善的生产控制程序和工艺参数，并不断创新生产工艺，确保饲料加工质量的提高；公司配置有精密的检测检验仪器和设备，健全完备的检验检测手段和科学的品质控制程序，实现质量管理的精细化、科学化、规范化，以确保进厂原料的优质及投放市场产品的品质。

行业在发展，时代在变化。在互联网经济盛行的今天，我们唯有用更多的努力，提供更有价值的产品和服务，才能回报客户的信任和支持。建一流企业、创卓越品牌，始终是公司不懈的追求，公司积极应对挑战，抓住机遇，奋力拼搏，与广大养殖户朋友携手并肩，共同创造美好的明天！

了解更多产品详情……
请登录公司网站：http://www.yyxzdsl.com
电话：0373－7597768

河南畜牧规划设计研究院

自2011年成立以来，我院共完成可行性研究报告等咨询类项目200多个，完成牧场设计项目300多个，编制市县现代生态畜牧发展规划、集群规划及企业发展规划40多个，完成33个县428个场区现代农业项目实施方案。咨询、规划、设计业务在国内已拓展到重庆、江苏、新疆、贵州、山东、黑龙江、甘肃、宁夏、广东、青海、广西、湖北、山西、河北、陕西、安徽、湖南等19个省（市、区），在国外已拓展到安哥拉、委内瑞拉等国家。

设计院业务范围 》》》》》》》》》》

★ 规划：农牧行业发展规划、现代高效农牧园区规划、农牧场区规划、观光农业、旅游农业等综合园区规划、农业综合开发项目规划设计。

★ 咨询：农牧行业项目建议书、可行性研究报告、项目申请报告、资金申请报告的编制，农牧项目的评估等。

★ 设计：各类畜禽养殖场、饲料厂、兽药厂、畜产品加工厂等项目的建设工程总体设计、初步设计、施工图设计。

★ 政策研究：针对全国农牧业发展过程中存在的各种问题，通过科学分析、调查，开展农牧业发展政策研究，承担农牧发展规划、行业研究等工作，为农牧业发展提供决策依据。

★ 标准制定：农牧行业标准、企业标准研究制定；安全环保研究；农牧产品质量安全、生态环保可持续发展研究，农牧项目安全环保评估。

★ 新技术的研究与推广：针对阶段性农牧业发展存在的热点、难点问题进行专题研究，推广农牧最先进的技术、设备、管理理念等。

★ 可再生能源工程：太阳能、地热能、水能、风能、生物质能、潮汐能等可再生能源综合利用。

★ 农牧企业宣传片拍摄：企业宣传片、专题片、微电影、个人形象片、产品宣传片、招商汇报片、庆典年会、大型会议拍摄。

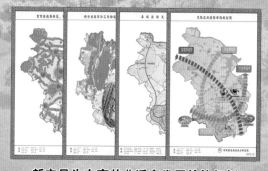

新安县生态畜牧业适度发展总体规划

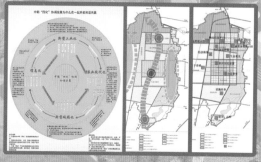

中鹤四化同步产业园区发展规划

电话：0371-65778627　　　　　传真：0371-65778615

邮箱：1262109558@qq.com　　　网址：http://www.xumuchina.org

联盟网站：http://www.xumuchina.cn　　邮编：450008

地址：河南省郑州市经三路91号河南省畜牧局3楼

河南安进生物医药技术有限公司始建于 2008 年，2010 年搬迁至新乡市平源新区，是一家集兽药研发、生产和销售为一体的大型现代化、高科技企业。公司位于郑州黄河大桥北两千米处，交通十分便利。现有员工 496 人，高级职称员工 51 人，博士 27 人，50% 以上员工拥有专科及以上学历。拥有最终灭菌小容量注射剂、最终灭菌大容量注射剂（非静脉）、粉针剂、粉剂 / 散剂 / 预混剂、口服溶液剂、消毒剂、中药提取等标准 GMP 生产车间及现代化实验室，2011 年 1 月以高分顺利通过农业部 GMP 专家组验收。现有九大系列、300 多个品种，产品遍及全国各地，深受用户的青睐和好评。公司下辖猪药、禽药、牛药和水产等四个事业部，以使管理精细化、运营和服务更加专业化。优秀的管理模式失去了公司的快速发展，产值、销售两旺，为公司战略目标的实现打下了坚实的基础。

人才是企业的生存之本、发展之源。因此，安进把广揽优秀人才作为企业的头等大事来抓。几年来先后引进产品研发、市场营销、运营管理等各类人才 100 余人，在企业经营中发挥了具大的作用，也为公司的长远发展打下了坚实的基础。此外，还与中国农科院畜牧研究所、华南农业大学、河南农业大学、郑州牧业经济学院等多所院校有长期合作关系，依托高校、科研所的技术优势，推动公司各项经营活动快速发展。

当前，安进人正以"打造中国第一兽药品牌"为目标，在"诚信、创新、精准、超越"企业精神的指引下，秉承"市场是根、质量是命"的经营理念，一手抓产品研发，一手抓市场营销，力争在不远的将来，使安进公司排在全国同行的前列。

安进人愿与畜牧界精英携手合作、共创美好动未来！

◆河南省著名商标
◆河南省高新技术企业
◆全国兽药制剂 50 强企业
◆郑州市质量信得过单位
◆河南省 50 家高成长型品牌
◆国家大型兽药 GMP 验收通过企业
◆河南省养猪行业协会副会长单位
◆河南省养羊行业协会副会长单位
◆中兽药产品技术创新战略联盟理事长单位

扫一扫，有惊喜

河南安进生物医药技术有限公司

生产地址：河南省新乡市平原新区桥北乡黑阃村南大街5号
电话：0371-60525899   移动座机：15638888875
传真：0371-69103203   邮编：453500
邮箱：hnajsw@126.com   网址：http://www.zhuyao.c
全国统一免费服务热线：400-678-1926

山东绿都生物科技有限公司
SHANDONG LVDU BIO-SCIENCES & TECHNOLOGY CO.,LTD.

公司简介
BRIEF INTRODUCTION

　　山东绿都生物科技有限公司坐落于孙子故里山东省滨州市，位于国家级滨州经济技术开发区绿都生物工程高科技园内，占地66600多平方米，投资2亿多元，是按照国际兽药标准兴建的新型兽用生物制品高科技企业。

　　公司新建有包括组织毒、胚毒、细胞毒、细菌毒四条灭活疫苗生产线和组织毒、胚毒、泡毒、细菌毒四条弱毒疫苗生产线，诊断液、精制卵黄抗体两条生产线，生产工艺先进，涵盖了蜂胶、氢氧化铝胶、白油三大佐剂系列产品，是世界上最大的绿色环保型畜用蜂胶疫苗研究开发生产基地。公司还建有2000多平方米的动物实验室。公司拥有自动闭发酵系统、汉显智能箱体孵化机、微电脑液体灌装机、大型冻干机等100余台(件)先进生产设备和精密电子天平、冷冻高速离心机、PCR仪、凝胶成像系统、荧光显微镜、倒置显微镜等60余台精密监测仪器。设计生产能力为年产各种生物制品200多亿头(羽)份。其中瘟疫苗系列、新城疫疫苗系列获得"山东省名牌产品"称号，公司产品是标准化养殖集团客户首选产品，已推广到全国30多个省(市、区)，取得了显著的社会经济效益。

　　公司技术力量雄厚，拥有一批研究员、教授、高级工程师和博士、硕士为主体的科研开发队伍和一批有知识、有技术、有朝气、有创新意识的年轻的工程技术人员。公司积极行兽药GMP，建立了完备的科研、开发、生产、销售和质量控制体系。雄厚的研发技术量将为养殖生产提供源源不断的适应市场需求的创新产品。

　　公司始终秉承"绿色环保，济世惠民"的崇高使命，始终致力于发展具有自主创新知产权的民族动物疫苗产业，为社会奉献品质卓越和独具创新价值的沈氏品牌产品，引领物保健，关爱人类健康。公司大力实施诚信战略、人才战略、创新战略和质量战略，产质量均高于国标或部颁标准。公司拥有中国工程院院士、博导、博士和养殖生产第一线资深科技人员组成的专家顾问团，以山东省滨州畜牧兽医研究院为依托，并与多家高校科研机构建立了长期的合作交流关系，联合建立虚拟式开放式研发中心，以灵活的科研机，开放的科研平台，发展高科技，实现产业化。

　　我们正置身于一个经济全球化迅猛发展，世界日益融为一体的时代，倡导绿色科技和保理念，铸造中国民族动物疫苗工业的脊梁，努力成为全球有影响的疫苗制造供应商，造"国际化"的新绿都，是绿都生物人孜孜以求的战略目标，精诚团结的绿都生物人将之而不懈奋斗！

品牌与荣誉

- 国家兽药GMP认证企业
- 政府采购专用猪瘟活疫苗定点生产企业
- 中国兽药产业十大著名品牌
- 中国兽药市场品质信誉首选品牌
- 中国产学研合作创新示范企业
- 中国科技创新型中小企业100强
- 中国畜牧兽医学会理事单位
- 国家博士后科研工作站
- 山东省院士工作站
- 山东省企业技术中心
- 山东省畜禽用耐热冻干保护剂活疫苗工程实验室
- 山东省高新技术企业
- 山东省农业产业化重点龙头企业
- 山东省守合同重信用企业
- 山东省十佳三农企业
- 山东名牌产品　山东省著名商标
- 山东省扶贫龙头企业

生命之绿　源于绿都　绿都生物　防患未然

地址：山东省滨州市经济技术开发区 绿都生物工程高科技园
抢购热线：（0543）3386422　传真：（0543）3405352
邮编：256600 http://www.lvdu.net　E-mail:lvdu@lvdu.net

公司简介 Introduction

品牌释义

易学中"易"乃万物的本源或根本规律，"易，开物成务，冒天下之道"；"达"字志在其坚定、不懈，"菲"乃寓意祥和、喜悦、健康美好，"易达菲"畜牧行业的一股力量！愿载善药人之愿，坚定不屈，坚持不懈，创新务实，引领善药行业发展之新方向，迎接畜牧行业之春天！品牌Logo取"易达菲"汉语拼音"首拼大写字母！并与字母Y左上角以地球图案为形状，其字母"D"以双手上下合起之势，其释义易达菲遵循"以人为本、众志成城、团结协作"的精神，力把易达菲品牌推广向全世界的决心和信念！标准色为海蓝色，象征健康、理性、发展、创新，寓意易达菲像海纳百川一样，吸纳善药行业良性发展之经验，展现善药行业健康、蓬勃发展之势！

企业理念

河南易达菲动物药业有限公司坚持"办有信仰的企业，做有道德的产品"，以顾客的信任和支持为最大的财富。多年来公司秉承"取之于社会，用之于社会"的精神，为畜牧行业健康良性发展贡献自己的力量，积极带动避免药物残留的食品安全，弘扬绿色保健饲养新观念，多次获得国内外畜牧业界同行的高度认可与肯定，多年来与国内外多所大学院校设立"易达菲助学金"资助众多优秀贫困生，为畜牧业培养了一大批优秀人才！

发展历程

2005年公司在新郑市高新技术工业园征地300亩，先后投入数千万元，对生产基地和化验室完成GMP改造，并经国家建筑工程质量监督检验中心检验，综合性能指标达到设计规范和善药GMP的要求。训练有素的员工，布局合理的车间，装备精良的生产设备，严格的检验制度，精密的检测仪器，使得易达菲于2006年顺利通过了农业部GMP动态验收。实现数条善药GMP车间全线通过国家农业部GMP认证。2009年为响应国家产业升级号召，河南易达菲动物药业有限公司立项成立新特善药研发中心，该中心顺利通过国家发改委、国家科委及国家农业部验收。此次组建该中心国家发改委投资200万，易达菲出资420万，由专业从事动物药业的13名教授和14名博士主要负责一类、二类、三类药的研制及报批工作，新特善药研发中心的成立更加巩固了河南易达菲动物药业有限公司国内领先、国际一流的领军地位！为经销商开拓了一条更宽阔、更平坦的致富路！同时也为推进中国养殖业的发展创造了新的里程碑！2014年10月成功申请通过饲料添加剂车间。2015年9月，公司成功在Q板挂牌上市。

战略规划

2016年2月公司启动新一轮市场规划合作战略！立志于打造一个高科技含量，高凝聚力，高战斗力的核心团队，把产品科技创新放在首位！加大产品创新研发投资力度！全力吸纳高科技新型人才，引进先进的管理经验，克服企业内部劣势，把握市场环境，利用现代互联网优势，实现线上线下产品综合分步销售模式，用3~5年把易达菲品牌打造为国内最具竞争优势的善药企业！

品牌与荣誉

股权代码：208845

原阳县正大饲料有限公司
电商品牌的引领者

企业简介
COMPANY INTRODUCTION

原阳县正大饲料有限公司

原阳县正大饲料有限公司固定投资1200万元，拥有国内最先进的全自动化生产线。主要生产销售畜禽预混料、维生素等，设备一流、工艺先进。公司拥有自己的饲养试验场，产品都是采用世界最新科研成果，结合国内最新营养标准和本地养殖品种及养殖习惯，经过本公司试验场不断实践总结精心加工而成。

公司自创建之初就确定"高起点，高投入"的战略定位，到处力于以创建饲料行业知名品牌为核心、走产业化可持续发展之路。公司拥有国内最先进的全自动化生产线，配备完善的生产控制程序和工艺参数，并不断创新生产工艺，确保饲料加工质量的提高；公司配置有精密的检测检验仪器和设备，健全完备的检验检测手段和科学的品质控制程序，实现质量管理的精细化、科学化、规范化，以确保进厂原料的优质及投放市场产品的品质。

行业在发展，时代在变化。在互联网经济盛行的今天，我们唯有用更多的努力，提供更有价值的产品和服务，才能回报客户的信任和支持。建一流企业、创卓越品牌，始终是公司不懈的追求，公司积极应对挑战，抓住机遇，奋力拼搏，与广大养殖户朋友携手并肩，共同创造美好的明天！

了解更多产品详情……
请登录公司网站：http://www.yyxzdsl.com
电话：0373-7597768

全国招商火热进行中　　诚招业务经理和代理商
招商热线：倪经理：13700889467